Ⓢ新潮新書

川向正人
KAWAMUKAI Masato

小布施 まちづくりの奇跡

354

新潮社

まえがき

小布施《おぶせ》は、善光寺平《ぜんこうじだいら》（長野盆地）にある小さなまち。太平洋側・日本海側のどちらからでも、いくつも峠をこえねばならない。現在でも、どこか外界から隔絶した別天地の趣《おもむき》があって、桜・桃・りんご・菜の花などが一斉に咲く時期は桃源郷そのものだ。

この小布施を、幕末に葛飾北斎（一七六〇～一八四九）が江戸から三度も四度も訪れ、肉筆画や祭り屋台の天井画など、当地でしか出あえない作品を数多く残した。北斎を厚遇したのは、この地方でも有数の豪農豪商だった高井鴻山《こうざん》（一八〇六～八三）。鴻山自身が若くして京都・江戸に遊学して書画文芸・陽明学などを学び、幕末・維新期の重要な思想家・文人とも交流して、郷土の変革に貢献した。今流にいえば、世界的なビジョンをそなえた「まちづくり」の先駆者だった。

二人を記念する北斎館と高井鴻山記念館を核として、まちの中心部に、昔から変わっていないかのように自然で落ち着いた雰囲気の修景《しゅうけい》地区が広がる。設計者は、建築家の宮本忠長《ただなが》。現在では毎年、まちの人口の一〇〇倍にあたる一二〇万人もの観光客が訪れて、そこを散策する。日本全国に町並み保存の動きが広がるなかで、それとは一味違う町並み修景が、次第に注目されるようになってきた。保存とは何かが違う修景。真にその価値を知るのは、建築・都市計画の専門家よりも、この地を何度も訪れる多くの一般観光客かもしれない。

散策して、「癒された」「また別の季節に来たい」と言い残して彼らは帰ってゆく。何度も訪れる人々、いわゆるリピーターが多いのが、小布施の最大の特徴でもある。

修景地区の完成からほぼ二〇年。修景の考え方は隣接する街区、さらに周辺の農村部にまで浸透している。住民によって手入れされた道・用水路・花壇、あるいは広告の立て看板などがない稲田・栗林・りんご園などの美しい田園の景観が、その成果である。

修景をつづけたこの二〇年間に、小布施は全国のまちづくりのトップ集団に加えられるようになった。景観行政の分野では、早くから独自の景観条例を制定して、全国の動きの牽引役を果たしてきた。国・県の主催する研修会が、毎年いくつも小布施で開催されている。そこでもキーワードとなるのは修景だが、耳慣れない言葉であって、本質が必ずしも理解されていない。

修景とは、簡単に言えば、景観に欠けたところがあればそれを補い、不要のものは取り除き、乱れたところは整えて、一つのまとまりのある景観、一つの世界をつくり上げること。基本は整えることだから、もとの景観に通じる要素もどこかに残して、ときには見る者の内部に郷愁をひき起こす。

たとえば北斎館前の「笹《ささ》の広場」は、栗菓子屋（小布施堂）の屋敷畑が修景されて観光客にも開放されたもので、畑に特有の牧歌的な雰囲気を失っていない。広場の大きく育ったメタセコイアは、かつては屋敷畑の縁に位置するものだった。

「栗の小径《こみち》」も、もとは畑の畦道《あぜ》であって、北斎館と高井鴻山記念館をつなぐ連絡路として、その畦道が徹底的に修景された。沿道には、昔から脇にあった土蔵や通り門を残し、足りないところは別の場所から古い土蔵を移築し、さらに周囲にあわせて倉庫を新築した。その結果、江戸時代の路地にも見える道空間になっても、畦道にあった明るさと素朴さは消えていない。

修景の具体的方法としては、景観を整えるために、ときには建物を曳いて移動させたり、解体して移築したり、あるいは新築を加えたりする。家の向き・高さ・仕上げを変更することもある。だいたい、その変更・修整は一回で終わらずに継続される。

それに対して町並み保存は、配置・形態・向き・高さ・仕上げのいずれも、歴史上のある状態に復原保存する。その後の変更はむずかしい。ここが、修景と保存の根本的な相違点だろう。

しかも修景の場合、その場所で、あるいは曳いて移動させることによって、時の経過のなかで到達した古建築の自然な状態（自然態）を可能なかぎり残す。たとえば土壁も、全面を新しく塗ってしまうのではなく、必要なところだけ塗って、使える古い部分はそのまま残している。新旧の土壁のつぎはぎが時間の重なりを視覚化し、実に自然な雰囲気を醸し出している。

他方、町並み保存では、その自然な状態をいったん解体。それから再度、定めた時代様式に復原する。たとえ学問的に正確な復原であっても、自然態はすでに失われている。

小布施を歩いて癒されたという観光客が多いのも、鍵はこの自然態にある。自然態を見たりその内に身を置いたりすることによって、人は癒される。自然も古い家並みも壊されて自然態が消えてゆく時代に、小布施の修景に期待が集まるのも、貴重な自然態をできるだけ維持しようとする特性ゆえだろう。

小布施のまちづくりを成功に導いた修景の特性を、さらに二つ、指摘しておこう。

一つは、「内」をつくること。欠けたところを補って、まとまりのある景観をつくる。訪れた人々はその内側に入り、内側から小布施を体験する。それによって、小布施の内に抱かれたという印象をもつようになる。

一般民家の庭を観光客に開放する「オープンガーデン」でも、庭が訪問者にとって内と感じられるものになっている。その内に入り、家人と言葉を交わして、ときには縁側で茶のもてなしを受けることもある。家人の生活、家人の世界の内に入った、内側からの体験である。

もう一つは、身の回りのすべてのものが修景の素材になり得ること。個人の庭、路傍の花壇、むらの広場、田畑の何にせよ、景観を整えて一つの世界をつくることができる。その楽しさを知ることで、住民による修景の輪が広がってゆく。

身の回りにあるものを活用するので、おのずと日常生活に根ざしたものになる。そこには明らかに、誰にでも素材を組み合わせて自己表現できるという喜びがある。強制も規制もない。あるのは自分たちで考え、工夫する楽しさ。だから、まち全体がますます生き生きしてくる。

協働する楽しさと喜び。これが、いちばん大事なことではないか。古いものだけでも新しいものだけでもない。新旧の要素が混在して刺激しあうことでアイデアが生まれ、新しい動きが触発される。町内に二〇〇をこえる住民たちのグループ活動があるのもその現れであって、小布施は立ち止まらないまちである。

まちづくりは今後どの方向に進むべきか。海外とじかに接触しながら、それを考えることが多くなっている。海外からの訪問者がふえ、まちのゲストハウスに国際電話で予約が入る時代になった。もはや昔ながらの習慣・勘・経験だけでは方向を決められない。そこで歴史文化や現状を調査し、個々の課題を解くほかに、もっと大きく、進むべき方向を提言できる大学の研究所のようなものを誘致しようということになった。町行政も元気だから大学と交渉して、二〇〇五年七月に、共同出資で役場内に「東京理科大学・小布施町まちづくり研究所」(以下、研究所と表記)をつくってしまった。修景事業直後から宮本忠長と小布施まちづくりについて研究してきた私は、その所長となって、立ち止まらない小布施のバイタリティーに改めて脱帽している。

小布施　まちづくりの奇跡●目次

まえがき　3

第1章　北斎に愛された小さなまち

1．ヨーロッパのような印象深い景観　17
2．五感で楽しめる凝縮した集落　24
3．人口の一〇〇倍の観光客が訪れるまち　29
4．生きる工夫を求める気候と土壌　31
5．いにしえの「古いむら」と江戸初期の「新しいむら」　36
6．豪農豪商と江戸・京都ネットワーク　40
7．藩が大切に守った栗林　46
8．近代化で「ただの田舎」に　48
9．建築家はまちの営繕係　53
10．「亭主と女房が癒着してどこが悪い」～町長の覚悟　57

11. 思い出を伝える究極の手法〜曳き家 61
12. 景観を整えて北信濃の原野を彷彿とさせる〜北斎館と笹の広場 66

第2章 過去を活かし、過去にしばられない暮らしづくり——修景

1. 伝統的町並み保存との根本的な違い 74
2. そこに住み、働く人たちが主役 79
3. 当事者すべての希望をかなえること 82
4. 歴史を大切に、だが現代生活を犠牲にしない 86
5. 畦道が、昔からあったような「新しい」路地に〜栗の小径 90
6. 単なる駐車場ではない空間〜幟の広場 97
7. まちづくりの風をおこした二年以上の忍耐強い議論 101
8. 国道沿いの歩道空間を整え、まちの顔を仕上げる 105
9. 良い意味で「常に工事中」 107
10. 建築と建築、人と人を組みあわせる仕事 111

11. 協力基準としての景観条例 117
12. 自信と誇りの「私の庭にようこそ」運動 122
13. 予期せぬシーンに出あえる迷宮 126
14. 「間《ま》」まで設計された個性豊かなまち 130
15. 分けないで多様なものが混在するまちづくり 134
16. 新奇なものへの抵抗と新しい観光 137

第3章　世代を超えて、どうつなぐか

1. 信頼関係の成熟が「内」を「外」に変える 141
2. 世代交代でゆらぐ、まちづくりのイメージ 143
3. 古い商店街が空洞化するメカニズム 151
4. カギを握るのは「中間領域」の設計 156
5. 七四五本の小道を活かす～里道《さとみち》プロジェクト 161
6. 自然を回復する公共事業に～森の駐車場 168

7.「らしさ」を調べてデータ化する 179
8. 土壁〜小布施らしさ その一 182
9. 屋根葺き材〜小布施らしさ その二 185
10. 子供たちに「町遺産」を伝える 190
11. 伝統の素材と技術を体験して学ぶ〜瓦灯づくり 194
12. 次々に発生する課題を「小布施流」で解いてゆく 199
13.「観光地化」と景観は両立できるのか 206
14.「まち」と「むら」の原風景を大切にする 214
あとがき 222

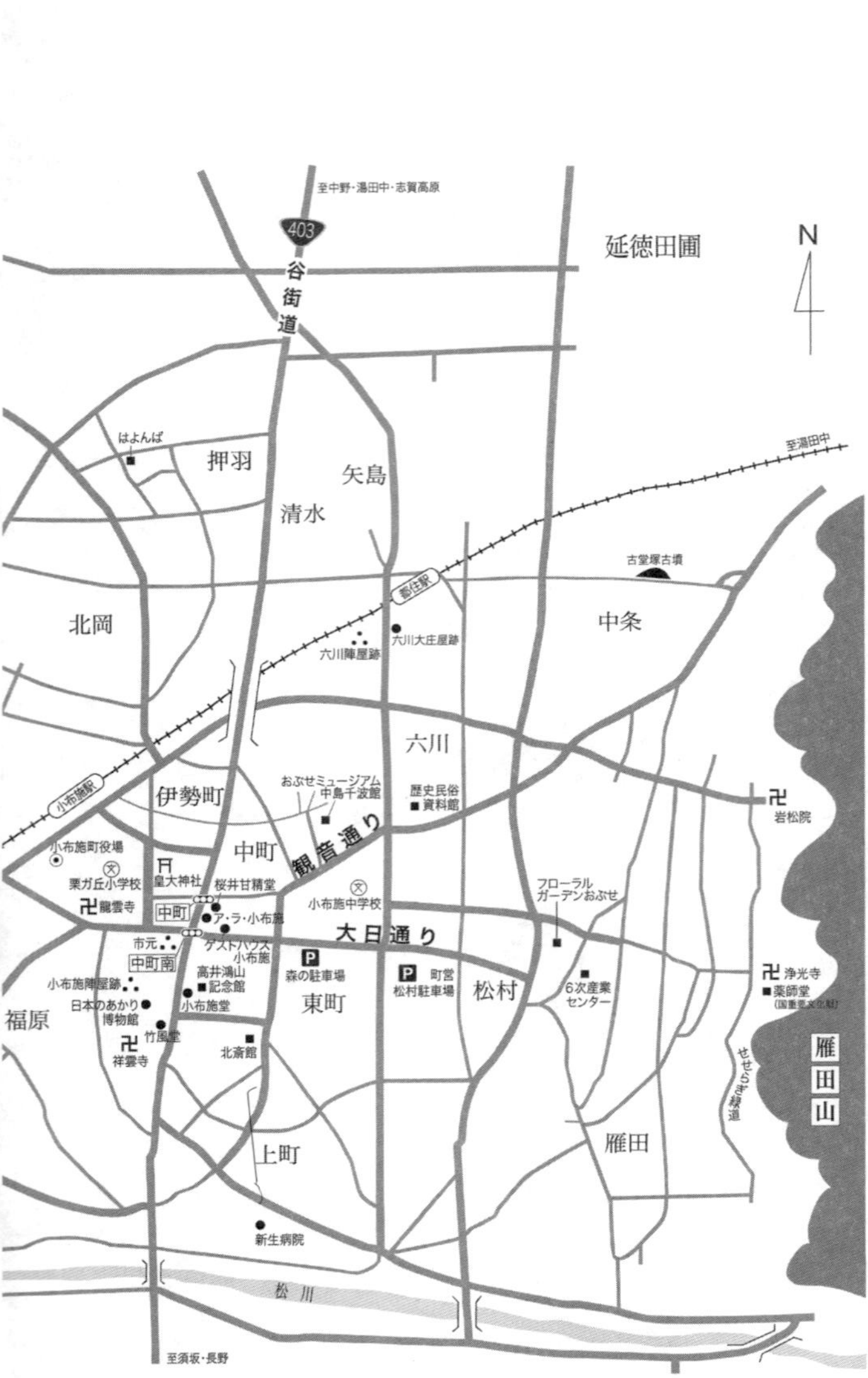

至中野・湯田中・志賀高原
403
谷街道
延徳田圃
N
はよんば
押羽
矢島
清水
至湯田中
古堂塚古墳
都住駅
北岡
中条
六川大庄屋跡
六川陣屋跡
六川
おぶせミュージアム
中島千波館
歴史民俗
資料館
岩松院
小布施駅
伊勢町
中町
観音通り
小布施町役場
栗ガ丘小学校
皇大神社
桜井甘精堂
龍雲寺
小布施中学校
フローラル
ガーデンおぶせ
中町
ア・ラ・小布施
大日通り
市元
ゲストハウス
小布施
中町南
小布施陣屋跡
高井鴻山
記念館
森の駐車場
町営
松村駐車場
松村
6次産業
センター
浄光寺
薬師堂
日本のあかり
博物館
小布施堂
東町
福原
竹風堂
祥雲寺
北斎館
雁田山
せせらぎ緑道
雁田
上町
新生病院
松川
至須坂・長野

小布施全図

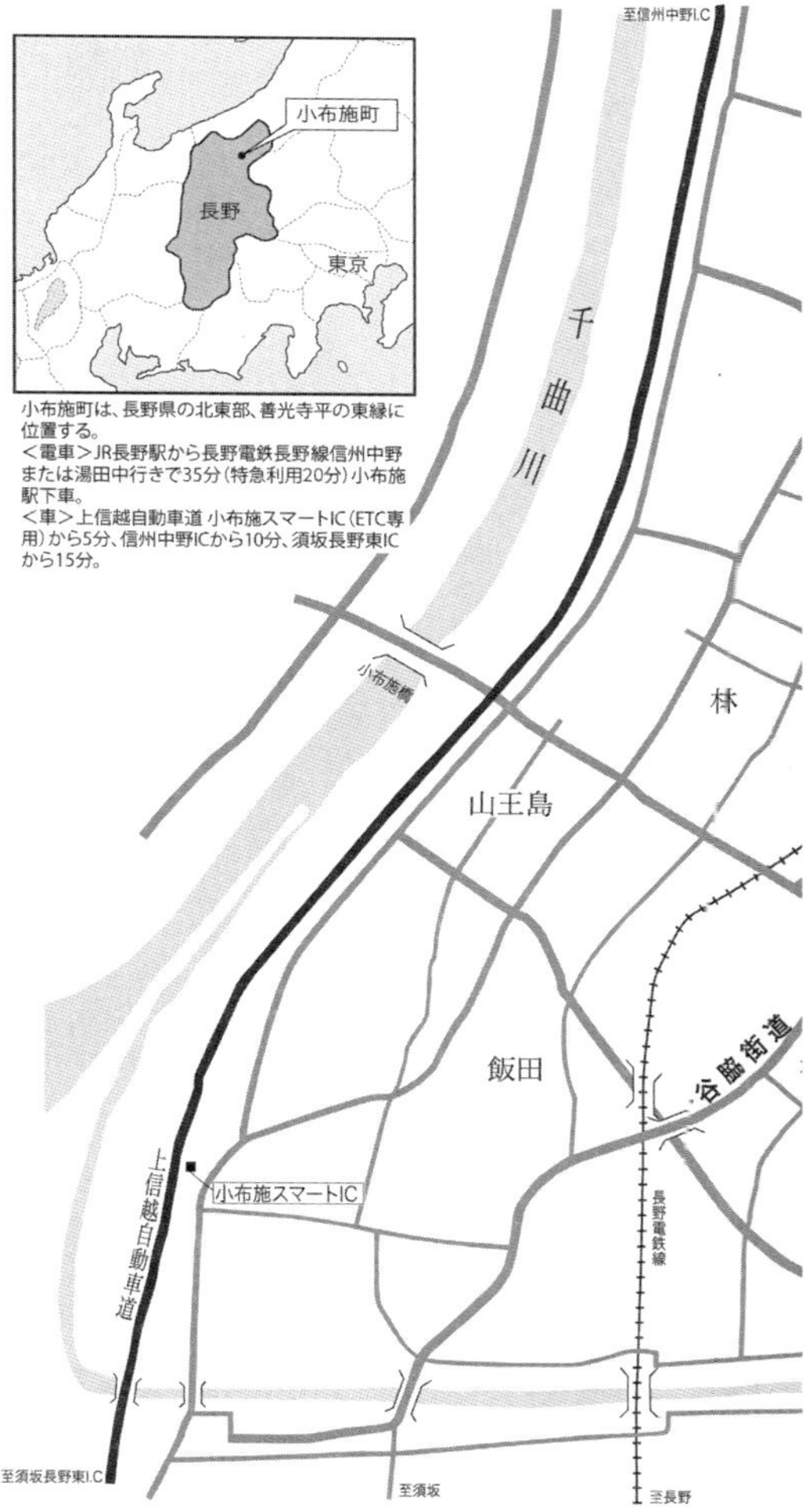

小布施町は、長野県の北東部、善光寺平の東縁に位置する。
<電車>JR長野駅から長野電鉄長野線信州中野または湯田中行きで35分（特急利用20分）小布施駅下車。
<車>上信越自動車道 小布施スマートIC（ETC専用）から5分、信州中野ICから10分、須坂長野東ICから15分。

第1章　北斎に愛された小さなまち

1．ヨーロッパのような印象深い景観

小布施はヨーロッパの小さなまちに似ているといわれる。

国内だけでも三〇〇以上の都市を訪ねているという宮本忠長は、「小布施にはヨーロッパのまちに似てロマンが感じられ、先達《せんだつ》の魂や精霊が漂い、われわれを引き込む力がある」という。

若い頃にオーストリアのウィーンに留学した私は、国内だけではなく、留学後もイタリア、スイス、ドイツ、ハンガリー、チェコ、スロバキア、ポーランドまで足をのばして、さまざまなまちを訪れて調査してきた。そんな私も確かに、小布施から同じ印象を受けるのである。印象の希薄なまちの多い日本ではめずらしく、何か訴えるものがあって、出あったシーンがあざやかに思い出される個性的なまちである。これが、研究所が

創設される前から、私が何度もかよっている理由のようにも思われる。

小布施では、早くから住民がみずから守るべき「協力基準」として景観条例を定めて、家並みや田園の景観にあった建築づくりに自主的に取り組んできた。条例とはいうものの法的な強制力も罰則もなく、家屋の形・色・素材、あるいは周囲の植栽などを決める際に住民が景観に配慮して自主的にしたがうガイドラインを示すものだった。この独自の景観条例は、守ることに住民が誇りをもち、成果も十分に上げてきた。手入れがゆきとどいた果樹園や水田などが広がる田園地帯では、広告規制が効力を発揮して、美しい景観が保たれている。これも住民たちの自主規制によるものである。隣接する市から車で小布施に入ると、とたんに大きすぎる広告板やけばけばしいネオンサインなども消えて、景観の違いがはっきりと分かる。

小布施町独自の自主的な景観条例は、一九八二年五月から八七年三月まで実施された町並み修景事業を出発点として、行政と住民が協働して進めてきた小布施まちづくりの最大の成果の一つである。

ヨーロッパのまちでは大小の通りや広場が、成立した時代に特有のゴシック・ルネサンス・バロックなどの様式をそなえて、全体として特有の雰囲気を醸成《じょうせい》している。小布施町の中心部にある「修景地区」もそれと似ており、全体としての特有の雰囲気が感じられる。日本の多くのまちに見られる、雑然とした、散漫な景観とは対照的だ。

　修景地区は歩いてみると広く感じるが、南は北斎館から北は大日《だいにち》通りまで、そして東は「栗の小径」から西は国道四〇三号線までという、一五〇メートル×二〇〇メートル（三ヘクタール）ほどの一街区にすぎない。もう少し厳密にいえば、「栗の小径」という路地、「幟《のぼり》の広場」という駐車場にもなる小広場、そして国道四〇三号線の歩道空間、以上の個性豊かだが小さな三つの都市空間によって構成される。面積は合計して一・六ヘクタールほど、つまり街区全体の半分の広さである（図1‐1）。

　しかし、住民にも観光客にも、修景事業前に誕生していた北斎館や「笹の広場」、さらには修景事業後に誕生した「オープンガーデン」も含めて、街区全体が修景地区と理解されている。宮本忠長が設計したものだから、同じ修景の精神が感じられるのだろう。本書でも「修景地区」という場合には、北斎館を含む街区全体を指すことにしたい。

　小布施の修景は、いわゆる町並み保存とは違う。同じ長野県にも南木曽《なぎそ》町妻籠《つまご》宿や東《とう》御《み》市海野《うんの》宿などの、国の重要伝統的建造物群保存地区（以下、重伝建地区と表記）を核とする町並み保存の例がある。町並み保存とは「歴史的町並みの文化財としての保存」であ

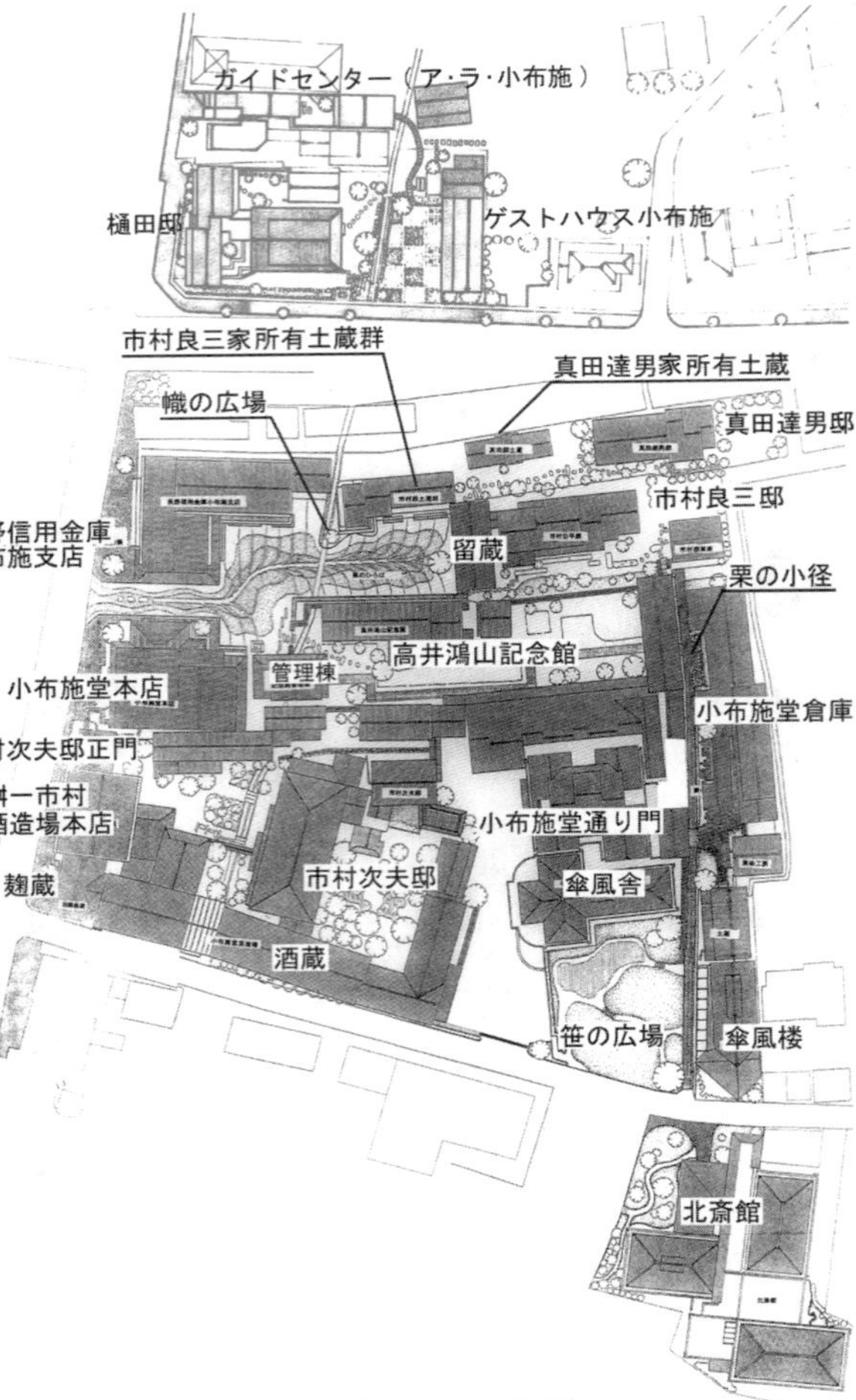

図1-1　小布施町中心部（修景地区とその周辺部）

って、保存という手法によってまちの個性と魅力を再生させ、併せて生活環境を整備しようという運動である。国の重伝建地区のほかに、地方自治体の条例によるもの、住民が町並み保存会を結成して地道に活動を続けるものなど、その活動にはさまざまな形態がある。近くでは松本・須坂・松代などにも積極的に町並み保存に取り組む住民運動があって、小布施との交流も活発だ。そこで私に向けられるのが、小布施のいう「町並み修景」が自分たちの「町並み保存」とどう違うのかという問いである。両者は似ていなくもないが、いくつかの点で根本的に違う。

たとえば、現在の町並み保存では共通して、歴史的な様式形態の保存継承が重視される。保存事業では、個々の建築について江戸時代や明治時代の、あるいは武家屋敷や商家や旅籠《はたご》屋としての、様式的特徴を表す細部形態が際立てられる。だから、その家並みを歩くと、あたかも映画のセットのように卯建《うだつ》、なまこ壁、虫籠窓《むしこまど》、格子《こうし》、棟飾りといった細部形態が次々に目に飛び込んでくる（写真1－1、1－2）。

それに対して、小布施の修景では、歴史的形態とその組みあわせの正確さよりも、昔からその土地にある材料・スケール・プロポーション・密度・配置などで生み出される空間、あるいは空間のもつ雰囲気が重視される。大切なのは、修景という言葉から連想されるように全体の景観であり、しかも宮本によれば「人の生活がある、生き生きとした景観」である。

歴史的形態やその組み合わせをガチガチに決めないので、現代生活との調整もしやすい。宮本のような優れた建築家の手によって、まさに水彩画を描くかのように古い家屋・石組み・樹木などの素材をとらえて、歴史文化が自然に滲み出るような景観が創出されている。

写真1-1　海野宿（長野県東御市）

写真1-2　中町通り（長野県松本市）

町並み保存では、特徴的な形態が文化財としての指定あるいは選定の重要な根拠になるので、際立てられ、アピールされる。みずからの価値をあまりに饒舌に語ろうとする建築が並ぶので、保存された町並みを歩くと「疲れる」という人も少なくない。表通りを歩いても、どこかの路地に入っても、町並みの特徴を陳列する展示空間を歩いているようで奥行きがない。ほっと一息つきたいと思っても、人が静かに抱かれるような奥深い懐《ふところ》空間がないのである。小布施の町並み修景事業が目指したのは、この奥深い懐のような空間の創出であって、今日のまちづくりでも変わっていない。町並み保存の場合も、歴史的価値のあるものを正確に復原修理して残すだけで終わらず、それらを入念につないで奥行きのある空間を生み出すところまで踏み込むべきだろう。つなぎの部分がないと、復原修理された個々の家屋も、孤立した単なる展示品に過ぎない。

シダレザクラやモミなどが深い木立を形成する秋田県角館のようなごく一部の例外はあるが、一般的に町並み保存では、家並みの修理復原に意識が集中する。「史料にない樹木は植えられない」、あるいは「事業費の助成が樹木を対象としていない」などの理由から、家並みはむき出し状態に置かれている。つまり、家並みを覆い隠すほどに大きく育って緑陰を生み出す樹木が植えられていない。これも、歩くと「疲れる」理由の一つだろう。

小布施の修景地区の場合は、壁と屋根の面のみで構成されるセザンヌの抽象的な風景画のように歴史様式の細部形態が少なく、むしろ沈黙が全体を支配している（写真１-３）。沈黙しているのも、初めから文化財であることをアピールするつもりがないからである。町並み保存地区が、アピールされる歴史的形態の意味を理解する世界だとすれば、小布施の修景地区は、体験して歴史を心で感じる世界だろう。ここでは、当初から自然との共生が目標なので高木も多く、観光客も深い緑陰を楽しむことができる。何度も訪れるリピーターが「小布施には、他所《よそ》にはない心を癒してくれる風景がある」というのも、そもそも風景の成り立ちが違うからではないか。

写真1-3　栗の小径（小布施修景地区）

2．五感で楽しめる凝縮した集落

小布施がヨーロッパのまちと似た印象をあたえる理由として、密度高く凝縮した集落のあり方も挙げるべきだろう。集落全体に、家屋が密集している。小布施の場合は、ヨーロッパ都市のように城壁で囲まれていないが、西側を流れる千曲川の氾濫を避けて少しでも高い場所にと家屋が集まったところから凝縮した集落形態が生まれた。集落内に入ると、家々が密度高く連《つら》なっている（図1-2）。

二〇世紀は都市が膨張して農村集落を侵食し、いくつもの大中都市が帯状に連続する、いわゆるメガロポリスとよばれる現象が世界中で発生した。都市の膨張を可能にしたのは、鉄道や自動車を中心とする近代的な交通体系の発達だった。鉄道や自動車道路が貫通し、それに沿って既存の景観にまったく配慮しないスタイルで新たな公共施設や住宅が建設されることによって、大都市のみならず小さなまちやむらもズタズタに切りさかれた。とくに第二次大戦後の日本では、集落組織や景観の破壊がはげしかった。

このような近現代の都市現象に対置されるのがヨーロッパ中世都市だ。歩行者中心、ヒューマン・スケール、高密度、多機能が混在する都市空間などの特性をそなえ、結果としてコンパクトにまとまった都市、「コンパクト・シティ」である。

中世的なコンパクト・シティを理想とする考え方は、近代に入っても生きつづけた。子供たちがにぎやかに遊び、大人たちが談笑し、ときには職人たちが仕事をする広場や街路がある。周囲の

図1-2　押羽地区の家屋分布図、むらだがまちのように家屋密度が高い

家々からあふれ出る生活機能の受け皿となることで広場や街路は、地域の人々の生活と密接な関係にある。そして、広場や街路が個々の家々を互いに結びあわせる役割を果たしてコンパクトな都市が成立する、というものだ。

コンパクト・シティの理想は連綿と受け継がれ、一九世紀末にウィーンで活躍した建築家カミロ・ジッテ（一八四三～一九〇三）は、この理想にもとづいて『広場の造形』（大石敏雄訳、鹿島出版会、一九八三）という今も都市デザインの教科書となっている名著を書いた。第二次大戦直後には「チーム10」とよばれる若手建築家グループが、同じ立場から「生活空間としての街路」の考え方を展開した（写真1－4）。小布施の修景事業も、同じ系譜に立つ動きである。

写真1-4　チーム10が注目した街路での子供たちの遊び

一九六〇年代に「チーム10」の活動に参加してわが国で類似の都市思想を展開したのが、建築家の黒川紀章（一九三四～二〇〇七）だった。黒川は生前、小布施のまちづくりに関心があって何度も訪ねたことを私に語っている。彼の「メタポリス」「道の建築」

「中間領域」などの思想が、彼が直接指導したわけでもないのに小布施のまちづくりで実践されていると感じていたようだ。

黒川は著書『ホモ・モーベンス』（中公新書、一九六九）のなかで、都市を拡散系ではなく凝縮系のコンパクト・シティとすべきことを訴え、凝縮した都市単位をメタポリスと命名している。巨大化した都市では日常のきめこまかな住民サービスを期待しても、なかなか行政はこたえない。庁舎を訪問しても巨大な事務空間が広がり、どの部署を訪ねて誰に頼めばよいのか見当もつかない。だから「住民側から見れば自治体は小さいほどよい、小さいほど住民が政治に直接参加できる」と彼はいう（同書五三頁）。

メタポリスは昔のコミュニティーとは異なる。かつてのコミュニティーは閉じており、人々はそこにしばられて生活していた。それに対して現代人は生活の範囲を大きく巨大都市域に広げ、ときには巨大都市域をこえてネットワーク上をはげしく移動する。そのような現代人にとってメタポリスは生活基地であり、そこに帰れば生活環境の整備について行政に直接相談できるし、政治に参加する窓口として利用できる場所なのである。

では、メタポリスは具体的にどういう構成をもつのか。黒川は、チーム10の中心メンバーであったフランスの建築家ジョルジュ・キャンディリス（一九一三〜九五）たち（キヤンディリス＝ウッズ＝ジョシック）による南フランスにあるトゥールーズ・ル・ミラーイユの新都市づくり（一九六一～七一）の設計競技一等案（図1－3）を例に、それを説明する。簡単にいえば、歩道網でまちが構成されて、幹となる歩道沿いに広場・店舗・サービス施設などが並ぶ。そして、図面に黒く示されているように、そこから細かく枝分かれする歩道が住宅地を形成する。自動車は周辺の幹線道路から、外周につくられた駐車場まで。その先は歩いて、まちの内部に入る。

メタポリスはただ小さいだけではなくて、歩くという人間の基本的行動によってつくられる触覚的体験の都市である。五感で楽しむまちだともいえる。コンパクトにまとまって、濃密な都市空間と生活が息づく。

図1-3　トゥールーズ・ル・ミラーイユ計画

注目されるのは、勢いがおとろえる気配のない車中心の都市化現象の最中《さなか》に、このように歩道で構成された触覚的体験の都市がなお存在し得ると、黒川が指摘していたことだ。しかも、古めかしい共同体幻想とは縁を切ったものとして構想されていた。

このメタポリス像は四〇年ほど前に描かれたものだが、住民と行政が現時点で考えている小布施の未来像に驚くほど近い。黒川が触覚的な都市に求めた「足から感じる歩道の感触、周囲の建築の雰囲気、通りの匂い、人のざわめき」は、あたかも修景地区、とくに「栗の小径」を描写したかのようでもある。それは小布施の農村部に出て、野の草花におおわれた里道《さとみち》を歩いたときの足裏の感触にも近い。

3．人口の一〇〇倍の観光客が訪れるまち

特筆すべきは、メタポリスが人口一万〜一〇万ぐらい、寸法は直径三キロぐらいだと黒川が『ホモ・モーベンス』に書いていることである（同書五八頁）。

小布施町は東西五・七キロ、南北四・八キロ、総面積にして一九・〇七平方キロほどの大きさだが、山や水田地帯をのぞいた集落の広がりは、黒川のいうメタポリスにほぼ重なる。長野県の市町村では最も小さい。

いま地方都市はどこも過疎化と高齢化が進み、確かな未来像を描けぬ不安のなかにあって、住む誇りも自信も湧いてこない。だが小布施町の場合は、日本の社会全体が直面

する少子高齢化現象から免れ得ないものの、地方の小都市としてはバランスがとれて活力もある。訪れる人々が驚くほどに、生き生きしている。

小布施の研究所にいると、しばしばテレビや雑誌などから、まち紹介の取材への協力を要請される。道行く人、畑で野良仕事をする人などに何気なくインタビューをして、その人の表情や言葉を通して、まちの状況を伝えるという取材だ。

無作為に声をかけて取材するわけだが、同行してみると、住民の誰もが想像以上に生き生きとした表情で取材に応対する。問われなくても地域づくりやまちづくりのビジョンまで語る住民もいる。

取材のたびにプロデューサー、記者、ライターたちから「住民の元気さ、明るさ、そして反応の良さに驚いた」という感想を聞く。元気さや明るさは、たまたま取材の対象となった数人の人々だけではなく、まち全体に通じる特徴のようだ。

統計を調べてみると、人口の推移では、小布施町でも高度経済成長期には若年層が大都市に流出して一九六三年には人口が一万人を割り、七〇年には九六二五人まで減少している。この時代は地方のどのまちやむらにとっても、まさに「失われた時代」であった。しかし小布施町では、当時の市村郁夫町長（在任一九六九～七九）による、約六〇〇戸の宅地造成などの積極的な人口増加策が功を奏して、七二年に再び一万人台に回復し、その後は横ばいか微増となっている。市村郁夫町長の時代にはじまる意欲的なまちづくり運動の成果だろう。

二〇〇九年四月現在の人口は、一万一四七八人である。

しかも小布施町の場合、人口の一〇〇倍、年間に一二〇万人の来訪者がある。一般的に「まちおこし」と「まちづくり」が、しばしば混同される。数値が示すように小さくても活力があって自立して歩む同町の場合は、過疎化・高齢化ゆえに活力が失われて新たに「まちおこし」を考えねばならない状態ではない。持続的な「まちづくり」こそ、小布施町が目指すべきものなのである。

では、なぜコンパクトにまとまって自立し、活力もある小布施町が誕生したのか。その秘密を解き明かすために、同町の成り立ちを地理と歴史の側面から分析してみたい。

4. 生きる工夫を求める気候と土壌

小布施は美しい里だ。背景に大きな自然の美しさがあるから、「屋根の形態は周囲の山々の稜線に合わせましょう」「屋根や壁の色は周囲の自然と調和するように考えましょう」という呼びかけに、長く住みつづける住民ほど素直に応じるのではないだろうか。田園の中に大きな看板などを立てないほうが美しいという主張も、ここに住んで風景を眺めていると自然に受け入れられる。

小布施を訪れたときに最初に目に入るのは、東に迫る雁《かり》田山《だやま》（標高七八六メートル）のおだやかな山容である。西には千曲川がゆったりと流れ、はるか向こうに飯綱山・戸隠山・黒姫山・妙高山・斑尾《まだらお》山が連なる北信五《ほくしんご》岳《がく》の美しくもきびしい姿がある（写真1–5）。

写真1–5　北信五岳を背景とする小布施町

千曲川は上流の長野市で犀川《さいがわ》と合流して水量をまし、小布施附近では勾配がゆるやかなので川幅を広げて悠々と流れる。小布施のすぐ下流（中野市立ケ花《たてがはな》）で流れを堰きとめるように丘陵がつき出るために、大雨で流量がふえると氾濫し、その度に土砂が堆積して良好な沖積地が形成された。延徳田圃《えんとくたんぼ》とよばれる水田地帯が、それである。

かつては千曲川の中洲や自然堤防の大部分も畑として利用され、春になると黄色の菜の花が一面に咲いて、「黄金《こがね》島」とよばれた。近年、まちづくりの一環として菜の花を植え、当時の景観が部分的に再現されている。

小布施町は、この千曲川がほぼ町の西境、雁田山が東境、そして千曲川に流れこむ二本の川である松川《まつかわ》が南境、篠井川《しのいがわ》が北境となっている。現在の松川はまっすぐ西に流れて千曲川に合流するが、古くは北西方向に流れて扇状地をつくり出した。半径三キロほどの綺麗な扇形を描く扇状地は、生み出した松川の名をつけて松川扇状地とよばれる。

この扇状地上の、標高にして約四〇〇メートルから三三二メートルまでのあいだに、小布施の集落が広がる。千曲川の氾濫を避けるために全集落が扇状地の上に寄り集まることになり、上の集落と下の水田地帯という景観上のあざやかなコントラストが、今日まで維持されている（図1-4）。

小布施町の気候は内陸性で寒暖の差がはげしい。冬の寒さはきびしいが、降雪は少なくて交通や生活を左右するほどではない。そもそも年間降水量が一〇〇〇ミリ程度であって全国平均の一六〇〇ミリと

図1-4　松川扇状地、右に雁田山、左に千曲川

比較しても少なく、瀬戸内地方よりも乾燥して寡雨《かう》気候である。晴れて空気の澄んだ日が多い。

小布施がヨーロッパの小さなまちに似ていると感じるのも、この澄んで乾燥した大気のせいであろう。遠くの山並みの厳しさと美しさを引き立てるのも澄んだ大気であって、水田ではなく栗・りんご・ぶどうに囲まれて山並みを眺めていると、ここが日本であることを忘れる。

気候は作物の味にも大きな影響を与えてきた。夏から秋にかけて雨が少なく日照時間が長くて昼夜の寒暖の差が大きいことが、作物に日中は光合成で糖度を十分に蓄えさせ夜は休ませて、バランスの良い甘味と酸味を生む。小布施栗というブランドの誕生には気候が決定的な役割を果たし、りんごや巨峰ぶどうなども味の良さで評価を高めている。

あわせて土壌のことを説明しよう。扇状地をつくり上げた松川はpＨ４の強酸性の酸《す》川《がわ》である。松川の石も砂も、硫化鉄が付着して赤茶色になっている。澄んだ美しい水だが、魚の棲めない死川である。この扇状地での人々の生活や景観への松川の影響は、きわめて大きい。たとえば、町の多くの家屋に使われている黄色みがかった独特の色合いをもつ砂壁は、松川の砂を混ぜたものである。扇状地特有の砂礫質に加えて酸性の土壌だから稲作に適さない。大げさにいえば、稲に代わる土壌にあった作物を探すことは、この扇状地に生きる者に課せられた定めのようなものであった。そのマイナス要因をプラス要因に変えたことで、最高のブランド「小布施栗」が誕生した。米作りには適さない水はけのよすぎる酸性土壌が、独特の風味と香りをもつ栗を産出することになった。また栗のほかに綿、菜種、養蚕用の桑、りんご、ぶどうなどが栽培されてきたのも土壌と深く関係している。

そして砂礫質の扇状地だということが、地表に毛細血管のように用水路をはりめぐらせて、貴重な「水のある風景」をあちこちに生み出した（写真1-6）。現在のように井戸を掘るボーリング技術が発達する前は、扇状地の中央部では地下水が深い層を流れているので、井戸を掘るのも大仕事であった。そこで扇状地上の集落は一致団結し、集落の境界をこえて松川から取った水を用水路で隅々まで供給した。「松川用水」である。最初は旧松川の流路を利用し、次第に用水路網をつくり上げ

写真1-6　「幟の広場」を流れる松川用水

ていった。幹線水路の原型は近世以前につくられ、近世になって毛細血管のように成長したと考えられている。これも、扇状地上に集落が密集していたから可能になった。

一九六〇年に小布施町の全域に上水道が普及するまでは、松川用水が灌漑《かんがい》用水・生活用水・防火用水として人々の生活をささえた。村同士の協力体制は七〇年に管理が町行政に移るまでつづけられた。堰や用水はしばしば壊れたが、その度に村々は自普請工事として修復し、多大な労力と経費をかけて維持してきた。今でも村（自治会）で集まってボランティアで道路・水路を清掃し修理する慣習が生きているのも、生命線である用水路を集団で維持する習慣が残っているからだ。

田畑のあいだや道路沿いの用水路を水がいきおいよく流れ、ときには屋敷内にも流れこんでいる。水量豊富で流速があるから、三〇を超える水車が第二次大戦直後まで稼動していた。用水路の流れは、見ても音を聴いても心地よく、まちづくりの貴重な資源になる。ほとんどがコンクリート製のU字溝に変わったものの、昔ながらの石積み水路も残っている。用水路の水底や側面の赤茶色は、松川の水に含まれる硫化鉄の色である。

5. いにしえの「古いむら」と江戸初期の「新しいむら」

周辺の農村集落で聞き取り調査をして、小布施では人々の意識に「古いむら」「新しいむら」の区別が生きており、しかも新旧の境目が江戸初期にあるのには驚かされた。新旧意識はどこの市町村にもあって、まちづくりでは常に新旧住民の対立と融合が課題となるので研究所でも注意をはらうが、境目が古いのである。小布施の集落では何代、十何代とさかのぼれる家系がめずらしくない。

小布施の集落形成の歴史を調べると第一の支配的要因としてあらわれるのは、やはり水だ。現在は涸渇しつつあって昔の豊かな水量を想像するのもむずかしいが、雁田山麓に湧水群がある。山麓に湧く清水は、飲んでおいしい貴重な水であって、古老によれば、戦後になって上水道が完備するまでは湧水を売り歩く「水売り」もいたという。

原始時代からこの湧水の周囲で生活が営まれていたことを示す遺跡が、数多く残っている。涸渇しつつあるとはいえ今日でも、岩をつたって流れ落ちる岩清水や、岩の下から湧き出る沢清水が点在する。「せせらぎ緑道」は近年、雁田山麓に整備された湧水群をつなぐ散策路だ。散策路の整備にとどまらず、湧水と自然豊かな周辺空間そのものを再生することが、研究所の課題の一つでもある。

さて本題の集落形成史を駆け足で先に進もう。大きな変化があらわれる最初のきっかけは、稲作文化の到来だ。稲作がはじまると低湿地を求めて延徳田圃に近い場所に集落が移動したことも、遺跡の分布から分かる。

『小布施町史』（小布施町、一九七五）によれば、古代から中世にかけて、すでに扇状地全体に広がる現在の集落配置の骨格が形成されている。戦国時代末期から江戸時代にかけて、より現在の集落形態に近づく。矢島や押切などの集落が千曲川の洪水から逃れるために扇状地下から移動してくるのもこの時期で、扇状地上の集落密度が一段と高まった。この時期に存在を確認できるのが「古いむら」である（図1-5）。

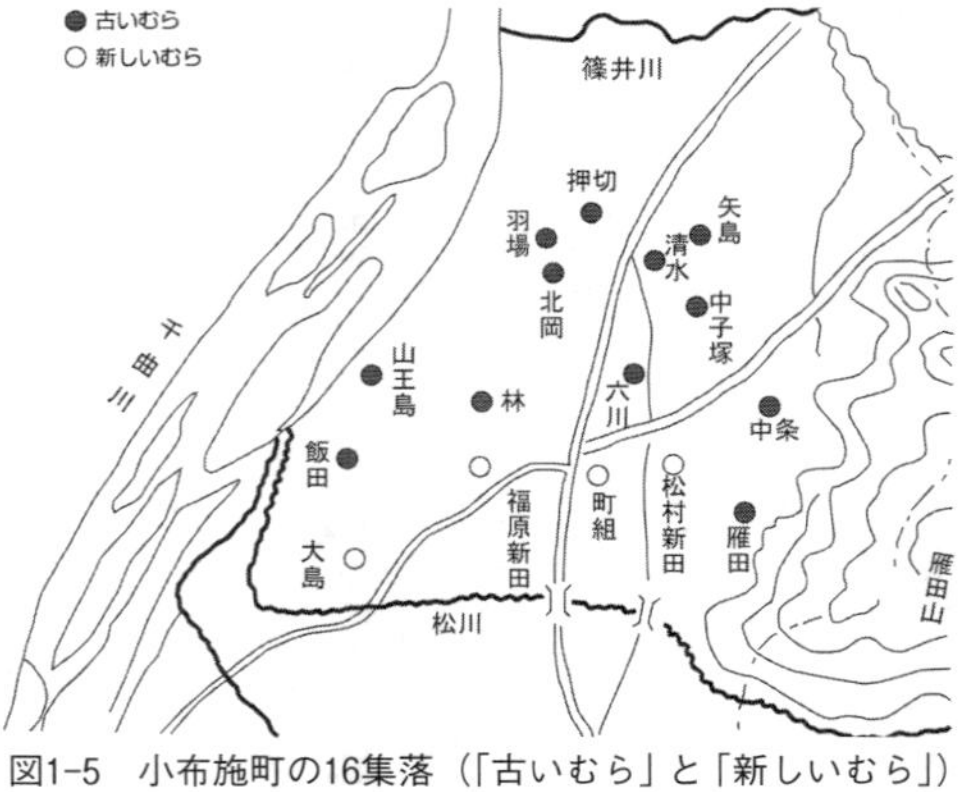

図1-5　小布施町の16集落（「古いむら」と「新しいむら」）

「古いむら」と「新しいむら」の境目となる大きな転換は、江戸初期に松川の瀬替《せが》え工事とともに進んだ。瀬替えとは河川の人工的な流路変更のことだが、北西方向に乱流して扇状地を形成していた松川を、現在のようにまっすぐ西へと瀬替えしたのは、福島正則（一五六一～一六二四）だと考えられている。一六一九年に無届けの城の修理を幕府に咎《とが》められて当地に移された正則は、まず松川治水に取り組んだようだ。松川の流路を西に変えたことで扇状地上に開墾可能な荒地が出現した。開墾を契機に大島、小布施村町《まち》組《ぐみ》、松村、福原といった新田村が形成された。大島は千曲川の水害を避けるために現在の場所を開墾して西岸から移ってきたむらである。これらの新田村が「新しいむら」になる。

小布施村町組の成立には街道の移動も関係している。古くはもう少し東寄りを通っていた谷《たに》街道（現国道四〇三号線）が慶長年間に現在の位置に移された。この新しい谷街道と南西方向から来る谷脇《たにわき》街道が合流する位置（追分）に市が立ち、町組が発生した。現在の中町南交差点である。東町・上町・中町・横町・伊勢町の五町が、今日も町組とよばれている。

庄や郷から発展してきた「古いむら」と近世開墾で生れた「新しいむら」の両者をあわせて江戸初期に一五ヵ村あって、この状態のままで明治維新をむかえる。

明治維新政府は中央政権を支える新しい行政単位をつくるために、抵抗する自然村を解体するかのように人為的な合併をしばしば勧奨した。一八八九年の市町村制実施に際しては積極的な合併が強行された。世にいう「明治の大合併」だ。このときの村々の合併によって小布施村と都住《つすみ》村になった。

そして、一九五四年の「昭和の大合併」で小布施村と都住村が統合して、現在の小布施町が誕生した。

「平成の大合併」での小布施町は、近隣のどの市町村とも合併せずに自立の道を選んだ。現在の小布施町では第二次大戦後に生まれた新興住宅地をのぞいて一六の集落があるといわれるが、それは明治維新をむかえた一五ヵ村のうち小布施村については町組と農村的な林に分けたうえで、合計一六集落と数えるからだ。

集落形成史を調べて改めて思うのは、小布施町が誕生して高々五〇年、それに対して一六の集落は各々が数百年あるいはそれ以上の歴史を有しているという事実の重みである。「小布施らしさ」をいうならば、それは一六の個性を塗りつぶして画一化するものではなく、それらを尊重しつつ融合したものであるべきだろう。まちづくりは「まちも、むらも」でなければならない。

6. 豪農豪商と江戸・京都ネットワーク

小布施町組の中心部、谷街道と谷脇街道との分岐点に立つ定期市は、「六斎市《ろくさいいち》」とよばれた。六斎市は毎月三と八のつく日に合計六回、定期的に開かれた市のことで、一六二五年に窪田（久保田）亦右衛門が東寄りの旧街道沿いにあった市場を新街道の分岐点に移して始まった。大いに発展して北信濃の中心的な市にまで成長し、善光寺・奥信濃・北上州《じょうしゅう》・越後などからも人や物が集まった。

小布施は江戸中期には地域一円の経済文化の核となっていた。街道・脇街道の大ネットワークとも接続されて、幕末には八〇歳をこえた葛飾北斎が江戸から小布施を訪ねてくる。小布施の繁栄は、千曲川の水運と街道のネットワークに支えられたものである。

江戸に向かう小布施の人々は谷街道と谷脇街道のどちらを歩いても、やがて北国街道松代《まつしろ》通に出て北国街道に接続した。その北国街道は追分で中山道に合流して、中山道を江戸へと向かった（図1-6）。

もう一本、忘れてならないのは鳥居峠を越えて大笹宿を経由する大笹街道で、北国街道をゆくよりも一日早く江戸に着いた。市川健夫著『信州学大全』（信濃毎日新聞社、二〇〇四）によれば、大笹街道を歩いて倉賀野（現高崎市）に至り、ここで舟に乗って利根川水系を江戸に向かうルートは、行程の半分ほどが舟旅だった。

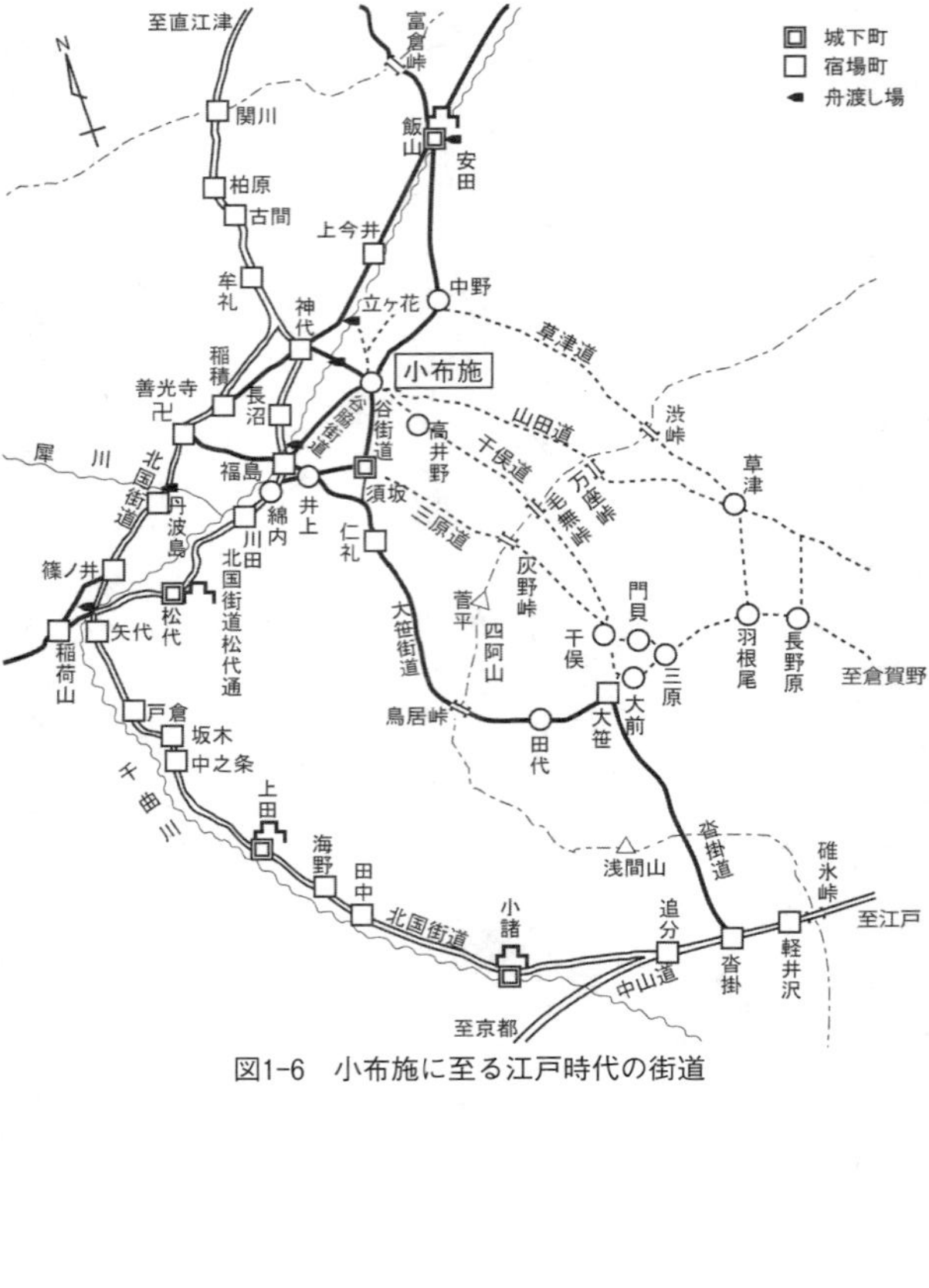

図1-6　小布施に至る江戸時代の街道

葛飾北斎が江戸と小布施を行き来したときも、大笹街道の険しい山道では牛の背にのり、利根川水系では舟を利用したのではないか、と考えられている（同書二九七〜八頁）。

幕末に近づくと小布施のまちやむらには多くの豪農豪商が育ち、そこから国学者・歌人・書家・漢詩人・儒学者として文化的な寄合をひらく者、寺子屋を経営して子弟教育にあたる者などが出てくる。経済的にも文化的にも小布施の黄金期だった。たとえば根岸雲巣《うんそう》（一七七一〜一八五二）は書家・寺子屋師匠、高津菁斎《せいさい》（一七九六〜一八六九）は酒造家・漢詩人、市村適斎《てきさい》（一七八二〜一八七〇）は儒学者・漢詩人・書家、今井素牛《そぎゅう》（一八〇五〜七八）は儒学者・漢詩人・寺子屋師匠として郷土に尽くした。

葛飾北斎を厚遇した高井鴻山もその一人で、若くして京都や江戸で学んだ彼の元には、すぐれた文人墨客が訪れて地元の知識人とも大いに交流した。鴻山の書斎であった翛然《ゆうぜん》楼《ろう》のほかに祥雲寺・龍雲寺などが水準の高い文化サロンとなった。

豪農豪商の子弟たちは、じかに当代一の学者・文人から教えを受けようと江戸や京都に出た。幕末・維新期は世の変化がはげしく田舎のまちやむらにも次々に新しい人・物・情報が入ってくる。ホンモノかニセモノか、受容すべきか拒絶すべきか、それを素早く的確に判断できなければ一族あるいは地域社会全体が滅亡の淵に追いやられる時代であった。単なる伝聞による情報ではまったく役に立たない。だから彼らは江戸や京都に出てすぐれた師に学び、時代と対峙できる生き方や考え方を身につけて故郷にもどったのである。彼らが郷里にもどって実践しようとしたことは広い意味での地域振興であり、今日のまちづくりにも近い。

注目すべきは、彼らの学んだものが農業や商業に役立つ実学ではなく、書・画・漢詩・和歌・俳諧あるいは儒学・国学・蘭学などの高度な教養と精神文化の範疇に入るものだったことだ。なにごとにも通じた円満な人格の形成、まさに人格の陶冶《とうや》こそが目指すものだった。彼ら自身が目指し郷里のために取り組んだのは、歴史や社会の動向を見きわめて総合的に判断しリーダーシップを発揮できる人材の育成だったともいえよう。この意味で、今日のまちづくりが当時の豪農豪商たちから学ぶことは少なくない。

小布施の黄金期の代表的人物、高井鴻山について少し詳しく書いておこう。鴻山については、青木孝寿監修『高井鴻山伝』（小布施町、一九八八）という立派な研究書があり、その後も郷土史家による研究が継続されている。その研究成果によれば、高井家は元の姓が市村だが、一七八三年の大飢饉（天明の飢饉）のおりに鴻山の祖父にあたる九代目作左衛門長救《ながひら》（一七五四〜一八二六）が幕府の要請を受けて窮民救済に尽くした功によって名字帯刀を認められ、高井郡随一の豪農豪商ということから「高井姓」を名のることが許された。この九代目が高井家に巨額の富を築いた人物であって、高井家は京都九条家、越後の高田藩、信州の飯山藩・須坂藩・松代藩・上田藩の御用達《ごようたし》となった。

高井鴻山は名を健《けん》、通称を三九郎《さんくろう》といい、鴻山は号である。一五歳（一八二〇）で祖父の長救の勧めにしたがって京都に出たときの彼は、著名な学者・文人の門をたたいて儒学・漢詩・国学・和歌・書道・絵画を学んだ。二一歳で小布施に帰って結婚し、翌年には妻をともない再び京都に上って漢詩と陽明学を学んだ。二五歳で郷里に戻るが、二八歳になると今度は江戸に出て陽明学・国学・蘭学・俳諧を学ぶ。三一歳の年は凶作（天保の飢饉）だったので彼は小布施にもどり、父の熊太郎とともに蔵を開いて民衆の救済に奔走した。三二歳のときに信州上田の名僧、活文《かつもん》禅師から佐久間象山らと禅学や一絃琴を学び、象山との交流がはじまった。三五歳（一八四〇）で父熊太郎の逝去によって高井家を継いだが、家業はほとんど四歳下の弟である太三郎にまかせっきりで、彼自身は政治と文芸に関心をよせて江戸の師や仲間との交流を継続した。そして、葛飾北斎が江戸から小布施の鴻山を訪ねてくるのは、彼が三七歳から四三歳の頃だ。

佐久間象山などの名だたる思想家たちと交流をつづけ、建白書によって改革を訴え、たびたび朝廷や幕府への献金にも応じた。鴻山は飯山藩の家老待遇ということだが、実際にはそれ以上の立場にあり、松代藩主や飯山藩主がしばしば彼の家を訪れた。鴻山の事業は陽明学の教えにしたがって、「知行合一《ちこうごういつ》」すなわち自らの信じる知識や良心にもとづいて実践し、「経世済民《けいせいさいみん》」すなわち世の中を治めて人民の苦しみを救い導こうとするものだったと評されている。

7. 藩が大切に守った栗林

小布施ブランドとして小布施栗と並んでよく知られているのが栗菓子だが、それが登場するのも江戸末期だ。

すでに述べたように文化・文政期の小布施では北信濃の経済の中心地として豪農豪商の文化が花開き、江戸・京都・大坂などから多くの学者や文人が訪れた。もともと和菓子は茶の湯の普及とともに製造が進んだのであって、小布施栗を活かした和菓子のアイデアも当時の知的交流から生れた。

市川健夫・青木廣安・金田功子著『小布施栗の文化誌』（銀河書房、一九八六）に詳しいが、ブランドの誕生には気候・地質などの自然条件のほかに歴史・社会条件からの影響も大きい。まず小布施に栗が根づいたのが江戸時代よりも前だというのは、ほぼ間違いないであろう。江戸時代に入ると小布施の栗栽培の様子を伝える文書が出てくる。

それによって、一六二九年に御林守《おはやしもり》の奈良本喜右衛門なる人物が栗の木を伐ったがゆえにお役御免《やくごめん》になって、新たに関谷小右衛門が任命されたこと、あるいは、一六四〇年には松代藩家老の菅沼九兵衛が関谷小右衛門に栗林預け状《あずけじょう》を出して、枯れ木が出れば新しい苗木に代え、栗年貢《ねんぐ》をさし出すように命じたこと、などが確認できる。

林地区の一部が松代藩領となるのが一六二二年のことで、藩は栗林を「御林」、その管理者を「御林守」と指定してきびしく管理し、栗を年貢として納めさせた。幕府に小布施栗が献上されるときには「御献上栗《ごけんじょうぐり》」と呼ばれ、選りすぐりの大きさも形もそろった極上品だった（同書二二一〜三〇頁）。

江戸時代からすでに、全国的ブランド品を産する栗林は徹底して手入れされ、栗の品質管理も行き届いていた。現在でも栗林は整備されて際立つ美しさを保っているが、さらに管理が徹底していた江戸時代の美しさは、私たちの想像をこえるものだったに違いない。

栗菓子は、第一次産品（農業生産物）として出荷販売するだけではなくて加工によって付加価値をつけたうえで販売するという、小布施商法の早い例だった。前向きに商品作物の開発にチャレンジする姿勢が栗によって培《つちか》われた。全般的に商品作物がふえるのは江戸中期以降のことだ。人々は世の動向を観察し、情報を交換して、積極的に商品作物に取り組んだ。綿花や菜種を栽培し、それを綿布や菜種油に加工・販売して富を築く豪農豪商が出てくる。染料としての藍も小布施地方の特産だったが、加工して市場に出すことで何倍もの富を得た。

明治時代には信州全域で養蚕がさかんになり、小布施でも桑園が広がった。その養蚕が下火になると、りんご、そして巨峰ぶどうなどの果樹栽培に移って、今日に至っている。近年は、ライラックなどの花栽培にも活気がある。

8. 近代化で「ただの田舎」に

一九六〇年頃から、時代は戦後復興から高度経済成長へと移り、日本中が極端な近代化・工業化・都市化の時代に突入する。わが国は世界が瞠目《どうもく》する経済成長率を示し、人口一人当たりの所得も急上昇した。六四年の東京オリンピックまでの数年間に、首都高速・東海道新幹線の建設など、日本列島が大きく変化していることを示す出来事がつづく。電化製品が六〇年頃から大衆化して、庶民の生活環境も激変する。まさに日本社会のターニングポイントだった。

経済的に豊かになり、近代化のかけ声におどらされて、伝統的家屋を見かけだけ都会風・西洋風に建て替える。家庭内に電化製品がふえ、情報の入手から食事の支度まで何もかもを機械に依存する生活に変わっていった。庶民の生活環境は無意識のうちに歴史文化を自ら解体して、自然風土とのバランスのとれた関係を失い、住みつづける誇りを喪失した状態におちいってゆく。

地方のどのまちやむらでも、現状では駄目であって、新しい何かに生まれ変わるために近代化され工業化され都市化されねばならないと、誰もが信じた。小布施ほど歴史と文化が豊かな土地柄でも、住民の目には「ただの田舎」、何もない単なる空白の地と映った時代だった。長い時間をかけて育まれたまちやむらの歴史文化、その基盤となった気候風土の固有性などが、まったく評価されない。過去に対する誇りや自信もなければ未来への希望もないまちやむらを捨てて、若者たちが近代化・工業化・都市化の先進地である大都市圏に移ってゆくのは、自然のなりゆきだった。

まちづくりの目標を失い「空白」をさまよって人口が減少する点では、小布施町も例外ではなかった。当時の『小布施町報』に掲載された写真から、町内の景観変化を具体的に探ってみよう。

一九五〇年代半ばはまだ、小布施町組の景観はメインストリートである谷街道(国道四〇三号線)沿いでも、未舗装の状態であって、木造の家並みで構成されている(写真1-7)。だが広告がふえ、看板建築もあらわれている。

看板建築とは、瓦屋根の伝統的な木造家屋であるにもかかわらず、庇を切って四角い箱型の建築にして、前面をモルタルや金属板などで看板風に囲って、白い箱のようなモダン建築に見せかけたものだ(写真1-8)。

道路舗装が小布施町で最初に実施されたのは駅前通りで、一九五八年のことだった。町道を三・五メートルから五メートルに拡幅する工事も、この頃から進む。拡幅するために家々の前にあった桜・梅・松などの並木はすべて伐採されて、道端の用水路は暗渠となった。自動車は走りやすくなったが、歩行者に与えられたのは暗渠化された用水路の上の歩きにくい歩道だった。

私たちが調査したいくつかの都市、たとえば小布施町の隣の中野市、大学のある千葉県野田市、さらには山形県鶴岡市などの地方都市でも、一九六〇年頃からの高度経済成長とともに、商店街全体が急速にモダン建築の家並みへと変わっている。小布施でも修景地区以外の市街地では、今も当時のモダン建築の家並みが残っている。五〇年代後半にポツポツとあらわれはじめる看板建築が、六〇年頃から一気にふえてゆく。

　欧米や国内の大都市繁華街に見られる最新の店舗デザインを模倣して家並みをつくる動きは、高度経済成長やバブル経済の大波とともに何度も日本各地をおそった。よい意味でも悪い意味でも、気軽な安っぽさを売り物にした店舗デザイン。林立する電柱・街灯・立て看板。あちこちに貼られた、なぜか外国人女性がモデルとなったポスター。一年中つりさげられた商店街のちょうちんなどの飾り物。それらを眺めていると、町並みは、戦後日本社会の価値観

写真1-7　1955年頃の谷街道
（1984年11月1日発行『町報号外』）

写真1-8　谷街道沿いに現存する看板建築

や美意識を個々の建築以上に分かりやすく視覚化しており、とくに「何々銀座」には、それが象徴的にあらわれているように思われてくる。

しかも、その景観は、日本中どこも同じだ。地域の歴史文化とは無関係にラスベガス風、パリ風、あるいは銀座風などのスタイルを模倣して店舗の外観がつくられる。その結果は、ラスベガスでもパリでも、ましてや銀座でもない、モダンだが何処とも特定できない景観の出現。調べてみると、かつては小布施にもあったようなのだが、「何々銀座」は地域社会が外ばかりに目をやって自らを見失った時代の名残である。色とりどりの看板建築が並んで表層は華やかになる一方で、精神文化の基層が解体してゆく。

一九六三年に小布施町の人口は一万人の大台を割った。すでに述べたように、市村郁夫町長が開発公社を設立して宅地の造成と分譲を進めたことによって、新住民が増加して人口減少は止まった。町長は、地域社会がくずれてゆくのを根底から締めなおそうと奔走した。

新住民がふえても、旧住民がこのまちに生きる誇りを取りもどさなければ旧集落の人口減少が止まらず、小布施町はやがて長野市のベッドタウンになってしまう。そう考えた町長は、新旧住宅地を混在させ、住民間の交流をうながす地域施設を建設することにした。

あくまでも多様性に富み活力に満ちて自立したまちを目指す彼は、過疎化と闘い、返す刀でベッドタウン化の波とも闘った。近隣の大都市に従属してベッドタウンと化した市町村が少なくなかった時代だった。

当時、市村郁夫が描いた「多様性に富み、活力に満ちて、自立したまち」という理想像は、今日までまちづくりに継承されている。これから述べる町並み修景事業も、時代の流行を追う表層的な近代化志向から脱却して「自立したまち」という理想を目指す運動である。

9. 建築家はまちの営繕係

どんなに有能な建築家であっても独りでまちづくりはできないが、有能な建築家が参画して住民たちと協働しつつデザインの腕をふるえば、建築と都市空間が輝きをまして、まちの魅力は何倍も高まる。

今日の小布施まちづくりの輝きは、宮本忠長の参画によるところが大きい。しかし、華やかにスポットライトを浴びてきたように思われるかもしれないが、宮本自身の言葉を借りれば、彼は「(小布施)町の営繕係」として「どぶ板の修理から学校の建設まで」、事あれば町役場に駆けつける人生を送ってきたのである。

宮本忠長は、一九二七年に長野市と小布施町のあいだに位置する須坂市に生れた。すでに祖父の代から須坂で「宮本組」という建設会社を営んでいた。父の茂次は東京で建築を学び逓信省営繕に勤めたが、「宮本組」の長野郵便局建設の仕事を助けるために長野にもどってくる。その後、茂次は須坂に設計事務所を設立して、県内にいくつかの小学校や温泉施設などの作品を残している。忠長は宮本家が建築の仕事に携わって三代目になる。

五一年に早稲田大学の建築学科を卒業して、そのまま恩師の佐藤武夫(一八九九〜一九七二)の設計事務所に入所した。佐藤武夫は歴史風土を大切にして、数多くの地方都市の市庁舎や市民会館などを設計した建築家であって、宮本は建築と歴史風土に対する考え方をこの師から受け継いだ。

しかし、佐藤事務所のスタッフとしての彼は歴史風土を大切に思えば思うほど、仕事の担当先を転々と移りゆく生き方にジレンマを感じるようになる。歴史風土に根ざして場所と深く結びついた建築を設計したいという思いが、彼の内部でふくらんでいた。

三二歳になって長野市民会館の担当者となり、何度も東京と長野のあいだを往復する生活をつづけるうちに、宮本はついに長野に帰る決心をする。六四年、オリンピック開催で大きく変貌をとげる東京をはなれて、長野市に建築設計事務所を開設した。自立の場としては建設ラッシュにわく東京がふさわしいようにも思えるのだが、宮本ほど才能にあふれて強い信念をもった若手建築家が故郷にUターンしたのである。

佐藤は宮本の心意気をかい、「退職金代わりの餞《はなむけ》」にと長野市庁舎本館の設計をこの弟子にまかせて、自らは監修の役に就いた。これが宮本忠長の故郷での初仕事だった。彼は長野市内に事務所をかまえて、長野市庁舎・須坂市庁舎（ともに一九六五）などの設計を手掛けた。

そして宮本は、小布施町での最初の仕事、小布施と都住の統合小学校（現小布施町立栗ガ丘小学校）の設計に取り組むことになった。統合小学校については、建設場所の選定をめぐり五年にわたって地域住民の対立がつづいていた。建設推進が、一九六九年春の選挙で就任したばかりの市村郁夫町長にとって最初の大仕事となった。

同年一二月一〇日発刊の『小布施町報』によれば、町議会の臨時会議で統合小学校の建設が本決まりとなり、敷地は小布施小学校跡地と決定されている。翌年四月八日、町は正式に宮本と設計監理の契約を結んだ。

七月一〇日発刊の町報は、統合小学校に関して「建築設計は順調に進み、六月一八日に開かれた建設委員会において宮本設計事務所から提出された最終設計案が承認決定されて、近く着工の段取りになった」と報じている。

宮本は最終案の決定までに町長と何度も話し合い、いっしょに県下の学校建築を視察して回った。打合せの場で町長が語った、「小学校は卒業した人々の思い出となり、人々をつなぐ絆となる場所だから、校舎はできるだけ壊さないでほしい」という言葉を鮮明に記憶していると宮本はいう。それは彼が小学校に対して抱く理想でもあった。

市村郁夫は小布施堂現社長、市村次夫の父にあたり、町長としても小布施堂社長としても宮本を重用して、単体の建築設計を超えたまちづくりへと彼を引き込んでいった。

彼を知る者は「市村郁夫という人はいつも、どうすれば小布施町がよくなるかということばかりを考えていた。だから町民もまた、彼がいうのならば大丈夫だろうと全幅の信頼をおいていた」という。

彼のバックアップがあったからこそ宮本は、まち全体に影響がおよぶような仕事を手がけることができたのである。

他方で、大都市への人口流出、急激な変化がもたらす生活環境の混乱と、高度経済成長のひずみが顕在化する時期に町長に就任した市村郁夫にとって、歴史風土や生活の記憶を継承する思想と設計方法を身につけた宮本の存在は大きな意味をもった。二人は互いにアイデアを出しあい具体化の方法を模索して、それぞれに行政と建築設計の立場から、まちづくりのスタイルを練り上げていった。

宮本は、長野市を拠点に設計活動をつづけて、一九八二年には長野市立博物館で日本建築学会賞、そして小布施まちづくり、のちに詳しく説明する「小布施町並み修景計画」によって八七年に吉田五十八賞、九一年には毎日芸術賞を受賞する。二〇〇四年には地域の歴史風土にもとづく長年の建築設計が評価されて、彼の設計した松本市美術館に対して日本芸術院賞がおくられた。その前の〇二年には、全国に大勢の会員をもつ日本建築士会連合会の会長に就任して、耐震偽装などの事件によって大きくゆらぐ建築士制度の立て直しに奔走する（～〇八）。

10.「亭主と女房が癒着してどこが悪い」～町長の覚悟

まちの歴史文化を捨てて近代化・都市化を推し進めようとする動きに抵抗する点で、

市村郁夫と宮本忠長は意気投合した。「近代化だ」「合理化だ」と掛け声ばかり大きく、何百年も生きつづけてきた住宅・蔵・通り門などを取り壊して安い工業材料で西洋風に建て替える町内の動きが、郁夫にはどうしても受け入れられない。彼は、建築が機能性と耐久性をそなえて長く生きつづけることは当然だが、単なる耐久消費財ではなく所有者や利用者の精神文化にかかわるものだという信念を持っていた。同じ信念を彼は、宮本のなかにも見出した。

議会が宮本の重用を「町長と設計業者との癒着だ」と問題にしたときには、彼は宮本を横にすわらせて「女房役がほしいのだ。女房役は建築家でなければならないし、お互いに信じあわなければできない。理屈ではないのだ」と答弁し、さらに「建築家は女房なのだから、亭主と女房が癒着してどこが悪い」と開き直って、首長としての覚悟を示した。

今も語り継がれる市村郁夫の名答弁だが、この答弁については、周囲が納得するほどに郁夫が清廉潔白の士だったことを強調しておかねばならない。今でも町民に語り継がれるほど、郁夫は、町長在任中は家業を二の次にして、なにごともまちの将来を優先させて考えた。

時代の転換期にあって、小布施の栗菓子屋のなかでも小布施堂は、家業の建て直しを急がねばならなかった。郁夫が急逝して、跡を継ぐために東京から戻った息子の次夫が、家風でもある「まちへの貢献」と並んで「家業の再構築」を強く掲げたのも、こうした事情による。

我田引水をみずからに戒める姿勢は宮本も同じだ。小布施まちづくりの成功は宮本の卓抜したデザイン能力と、エネルギーを惜しみなく注ぐ彼の奉仕精神とでもよぶべきものに多くを負うというのが、日本建築界での一般的な評価である。

まち全体の事情に精通しなければ個々の設計行為に脈絡が生じず、まちづくりに至らない。設計者にも常日頃の地域学習が必要であって、設計行為はその基礎のうえに成立する。これが若い頃から今日まで変わらない宮本の持論になっている。当然のことながら学習であるかぎり設計報酬に結びつかないが、彼は学習の成果を地域に還元することも惜しまない。

市村郁夫も宮本もこのような人物であって、両者の関係は、「癒着」より今日よく使われる「協働」の表現こそふさわしい。確かにすぐれた建築家が協働者となれば、どの程度の予算で、どの程度の規模の、どのような平面構成や外観を有する建築が実現可能かを、首長は事前に知ることができる。都市計画的な問題についても、すぐれた建築家ならば的確に助言するだろう。

逆に協働者となる専門家が存在しない場合、行政担当者たちはどこかで見た前例に頼る。そして、彼らだけでは形態・素材・色彩を変更したときの空間やコストの変化まで把握できないので、最後は既存の例をそのままコピーしようとする。日本のあちこちで同じような公共施設が建てられる理由には、行政担当者本人がクリエイティブに思考できないことに加えて、相談できる専門家が身近に存在しないことが挙げられる。

彼らにとって重要なのは「予算内におさめること」と「手続き上で失敗しないこと」の二点である。

「公共施設を建設するのに新しい世界を創造しようなどと考えるのはそもそも誤りであって、それでは予算超過とか使用不可能とか、とんでもない失敗をおかす確率が高まる。努力は評価の高い前例を探し出して学習することに向けられるべきだ」と彼らは信じている。

リスクを恐れるあまり「前例に学ぶ」が「前例をそのままコピーする」にすりかえられることも少なくない。そして、身近に信頼できる相談相手のいない市町村の担当者は都道府県に、都道府県の担当者は国におうかがいを立てる。それでは、真に自立した「地方自治」は未来永劫ありえない。

民間企業の社長でもあった市村郁夫は中央の顔色をうかがわず、悪しき前例主義とも無縁の人で、事業化に必要な能力、望ましい協働者を的確に判断した。その郁夫が願ってもない逸材と認めたのが宮本忠長であって、両者のいずれが欠けても、自立心に溢れた抵抗のまちづくりは小布施でスタートしなかったに違いない。

11. 思い出を伝える究極の手法〜曳き家

「栗ガ丘」の校名も決まり、一九七〇年に統合小学校の建設がはじまった。

小学校は、子供だけではなくて保護者も多種多様な目的で利用して、地域生活の核となる。地域との強い絆が、同じ学校でも中学校とも高校とも異なる。どこに、どういう小学校を建てるかという問題は、小布施にかぎらず常に地域住民の大きな関心事となる。

そこで宮本は古い小学校の記憶の継承を前面に押し出して、残せる建築は曳き家《ひや》して動かし修理して使いつづけること、また解体した場合には古材を再利用することを提案した。

「曳き家」というのは、家屋を簡単に壊してしまう昨今ではほとんど見かけなくなったが、ものを大切にした時代にはよく使われた手法で、読んで字のごとく、家屋を曳いて移動させるものである。時代や社会の要請で、ある場所に存在しつづけることがむずかしくなった古い家屋を移動させる。

場所が変わっても、土壁や再現不可能な細部意匠なども含めて、建築としての現状がほぼそっくり残せるという大きな利点がある。土壁などは、ひび割れまで残せる。一度解体して復原修理すると、その時点で数十年、数百年のあいだに多種多様な部材のあいだに生じていた微妙な均衡が抹消され、リセットされてしまう。時間の記憶が消されてしまうのである。曳き家によって、それを避けたい。本書第2章にたびたび出てくるように（とくに第2章第4節）、宮本が曳き家の手法を修景事業で重視したのも、こうした理由による。

「人々の思い出や絆を大切にしてほしい」という郁夫町長の要求に、宮本は曳き家や古材の再利用の手法によって応えた。それによって、物心両面において自分たちの過去の歩みが尊重されていると、住民たちも納得した。

既存の校舎を使いながら、新築は鉄筋コンクリート造で進められて一九七〇年に普通教室棟が、七一年には新しい管理棟と特別教室が完成する。その一方で、旧小布施小学校の古材を利用した「山の上の少年の家」も高山村に竣工した。七四年には宮本の父、茂次の設計による音楽堂が校庭の隅に曳き家されて、今日まで使いつづけられている（写真1-9）。

小布施小学校時代の古い旧特別教室棟もそのまま移築されて、隣接する敷地で栗ガ丘小学校付属幼稚園（写真1-10）に生まれ変わった。そして七六年には、天井が低くて使いにくい古い木造の旧雨天体操場が、一階分をコンクリート打ちして全体を持ち上げることによって天井高のある文化体育館に再生された（写真1-11）。

結局、旧校舎が新校舎のあちこちで再利用され、解体した校舎の古材についても一つも捨てずに近隣のどこかで再利用された。記憶を継承し

写真1-9　音楽堂

写真1-10　付属幼稚園（現存せず）

新しい記憶を積み重ねるという「修景」の理念も手法も、すでに新校舎誕生のための旧校舎の解体・移築・曳き家にあらわれていた。

次に市村郁夫町長が取り組んだのが北斎館の建設である。設計者には、迷うことなく宮本が指名された。

一九六六年のモスクワとレニングラード（現サンクトペテルブルク）での北斎展につづき、信濃美術館の「高井鴻山と信州の北斎展」、東京の五島美術館の「肉筆葛飾北斎展」などが開催されて、小布施にある北斎作品が知られるようになり、急速に関心が高まっていった。

関東や関西から美術商がやってきて、「これは北斎の贋作《がんさく》だ」といって町内にある北斎の肉筆画を二《に》束三文《そくさんもん》で買いたたこうとする。この種の商法が成り立つほどに、地方がみずからの歴史の価値を確信できず自信を喪失していた時代でもあった。

町長は町内に残る北斎の肉筆画と、同じく北斎が描いたとされる天井画のある二台の祭り屋台を収蔵展示するために北斎美術館の建設を決意した。その志は高く、町の宝で

写真1-11　文化体育館

ある北斎作品の流出を抑えるだけではなく、北斎芸術の研究拠点をつくろうという構想だった。

高度経済成長下での急激な近代化・都市化によって薄れゆく郷土の歴史文化に対する誇りを、研究による正確な歴史認識を通して取りもどそうと彼は考えた。しかし、税金を北斎美術館建設に使うとなると、町民のあいだからも反対の声が上がる。当時はまだ、地方自治体が美術館をもつこと自体が珍しい時代。そこで宅地造成と分譲で収益を上げた前出の開発公社が全費用を負担して、国や県からの補助も受けないことを前提に話が進められた。

一九七六年一一月六日に北斎館がオープンした。

経緯を詳しく調べると、おもしろい事実が見えてくる。当時の小布施町民のあいだでは葛飾北斎はまだ「鴻山先生が江戸から連れてきた浮世絵師」でしかなく、鴻山先生のほうがはるかに偉かった。宅地開発で新住民がふえはじめたことを重視した町長は、旧住民と新住民の心をむすぶ礎とするためにも、外から来た北斎を町の宝として大切にすることを訴え、建設費用にも町税ではなく開発公社の収益金をあてたのである。

一九九一年九月の増改築によって複雑な姿になるが、当初の北斎館は単純素朴で、土蔵のように窓のない二棟の建物で構成されていた（写真1-12、1-13）。構成は明快であって一棟に肉筆画を、もう一棟に町内の東町と上町の天井画のある祭り屋台二台を収蔵展示する（写真1-14）。あくまでも収蔵と研究拠点を目指して、観光目当ての展示施設ではないことを正直に表現した外観となった。名称も「北斎美術館」ではなく「北斎館」と決定された。

町内にあって歩いてゆける敷地として町長が選んだのは当時まだ水田（苗床）で、隣地は桑畑という場所であった。狭い道路をはさんで、北斎館の前には小布施堂のコンクリートブロック塀がのび、塀の内側には屋敷畑が広がっていた。そこから北斎館は「田圃のなかの美術館」とよばれた（図1-7）。

12．景観を整えて北信濃の原野を彷彿とさせる～北斎館と笹の広場

一八四二年秋に、前触れもなく八三歳の葛飾北斎が高井鴻山邸の正門の前にあらわれた。印半纏《しるしばんてん》に麻裏草履《あさうらぞうり》をはき、長い杖をついていたという。この初回をふくめて都合四回も、最晩年の北斎が小布施を訪れたと考えられている。

数えで九〇歳にあたる一八四九年に江戸の浅草聖天町遍照院の長屋で息をひきとる直

写真1-14　北斎館に展示される祭り屋台二台

写真1-12　北斎館、竣工直後

写真1-13　北斎館、増改築のための模型

図1-7　図中「水田」が北斎館建設用地

前まで、北斎は小布施を訪れては鴻山の厚遇を受けて創作にはげんだ。しかも浮世絵師北斎のイメージを打ち破るかたちで、彼は小布施逗留《とうりゅう》のあいだに数多くの肉筆画のほかに、祭り屋台二台の天井画と岩松院本堂の大天井画を残した。

現在、東京を出て関越から上信越自動車道を走れば、車の走行メーターは小布施で二五〇キロあたりを指す。おそらく、くねくねと等高線に沿う昔の街道を歩けば距離はもっと長くなるであろう。八〇歳をこえて江戸と小布施を幾度も往復すること自体、現代の常識では考えられない。しかも画業をきわめんと努力して力作、大作を残した。だから小布施で北斎作品に出あった誰もが、とくに年配の方々ほど感動を抑えられぬ調子で「元気をもらった」という。

祭り屋台のうち東町屋台には龍と鳳凰《ほうおう》が、上町屋台には男浪《おなみ》と女浪《めなみ》の怒濤《どとう》図が描かれている（写真1-15）。肉筆画四〇余点（写真1-16）とこの祭り屋台二台を常設展示するのが北斎館である。

岩松院本堂の天井画になると度肝を抜く二一畳の巨大さで、檜板天井に極彩色で「八方睨みの大鳳凰図」が描かれている（写真1-17）。岩絵具には中国より輸入した高価な辰砂《しんしゃ》・孔雀石《くじゃくいし》・鶏冠石《けいかんせき》などの鉱石、さらに金箔もふんだんに使われて、光沢も色彩もま

写真1-16　北斎の肉筆画「白拍子」、北斎館蔵

写真1-15　上町祭り屋台天井画「怒濤図（女浪図）」

写真1-17　岩松院本堂「八方睨みの大鳳凰図」

ったく衰えていない。創作を支えた鴻山を中心とする当時の小布施商人たちの経済力と文化水準の高さを伝える、まさに見る者を上から圧倒する大作だ。

北斎は日本人ならば誰もが誇らしく思い、作品を未来に受け継ごうと願う素晴らしい芸術家であって、世界的評価も高まるばかりだが、住処でも作風でも生涯、一箇所に安住しなかったといわれる。小布施にやってきた北斎は、ここでも新しい表現領域にチャレンジした。その結果、小布施でしか出あえない作品をいくつも残したのである。

北斎館や岩松院を訪れる人々は、「小布施でしか出あえない北斎」に感動し、小布施の住民は、その北斎に愛されたまちに住むことに強い誇りを抱くようになっている。

彼を厚遇した鴻山も立派な人物で、「高井鴻山記念館」の建設が北斎館につづいた。記念館には、二人の交流を建築によって追体験させようとするかのように、鴻山の書斎「翛然楼」に隣接して、鴻山が北斎のアトリエとして建てた「碧漪軒《へきいけん》」が保存されている。

北斎館はすぐに年間入館者数を三万人とし、一九七八年春にはオープンして二年をまたずに年間入館者数が五万人を突破した。北斎館の成功でまちづくりに弾みがついた。

北斎館が誕生する数年前に、北斎館とは国道をはさんで向きあう位置に、竹風堂が食事処を開店していた。そこで出す栗おこわが評判だった。小布施堂も七八年には北斎館の前に宗理庵という、お茶を提供する無料休憩所を建てた。

それだけではなく同年に小布施堂は、江戸時代には六斎市も開かれた谷街道と谷脇街道との分岐点に面する土蔵を「鴻山館」に改装して開館した。市村郁夫はこのほかにも社長でもあった小布施堂の建築を順次、伝統的な佇まいにもどして、訪れる人々に開放しようとしていた。

しかし、七九年に同じ家業の桝一《ますいち》市村酒造場を、宮本の設計で歴史を感じさせる風格のある店構え（旧桝一本店）に建て替えたところで、彼は年の暮れに病に倒れて他界した。跡を継いで小布施堂社長となったのが、これからの修景事業を牽引する息子の市村次夫である。八〇年春には、町観光協会が「北斎と栗の町」という観光ポスターを制作し、町の進むべき方向が明確なことばとイメージで公表された。

まちづくりに対する市村次夫の最初の貢献は、自邸の土地を「笹の広場」として一般に開放したことである（写真1-18）。観光目的ではなかったので、北斎館の周辺には大型バスの駐車場も用意されていなかった。そこで、ふえる観光客のための駐車場確保に、彼は積極的に協力することにしたのである。

北斎館のすぐ前には彼の屋敷畑が広がっていたが、奥に古い二階建ての納屋のような栗菓子工場があって、コンクリートブロック塀が屋敷畑全体を囲んでいた。この塀を一部取り壊してバス一台分のスペースを確保したい、というのが北斎館からの要請だった。

　ところが、彼は塀をすべて取り払って屋敷畑を開放するという構想を打ち出した。屋敷畑を開放すれば丸見えになる栗菓子工場も、これを機に建て替えられることになった。宮本の設計によって、鉄筋コンクリート構造にレンガ張りの新工場に建て替えられて、「傘風舎《さんぷうしゃ》」と命名された。高さを低く抑え、外装を濃い茶系のレンガで仕上げられた新工場は、周囲の環境に見事に溶け込んでいる。

　同時に宮本の設計によって、傘風舎の建設で出た土で築山《つきやま》をつくり、屋敷畑が北斎館前の広場へと修景された。築山を覆うのは北部の志賀高原に群生する姫隈笹《ひめくまざさ》である。樹木は屋敷畑時代のままに残し、メタセコイアや松が同じ場所に広場のシンボルとなって生きつづける。「笹の広場」がこうして誕生して、一般に開放された。

写真1-18　北斎館から見た「笹の広場」、奥に傘風舎

広場の設計では、町並み修景事業の前ではあったが、すでに宮本のいう修景の考え方が十分に活かされている。景観が整えられて一つの世界があらわれている、といえるだろう。屋敷畑の雰囲気を残しながら、よりダイナミックな地形をつくり上げ、姫隈笹の広がりが遠い昔の北信濃の原野を彷彿とさせる。

「笹の広場」の誕生と同時に、北斎館に隣接する土地が駐車場スペースに提供されたので、結果的には「笹の広場」が駐車場に使われることはなかった。広場の性格は徐々に変わり、最初は北斎館前の静かな庭にすぎなかったが、現在では大木にそだったメタセコイアの下に椅子・テーブルが置かれて、観光客がにぎやかに談笑する場になっている。人のいる、生き生きとした景観である。

第2章　過去を活かし、過去にしばられない暮らしづくり――修景

1. 伝統的町並み保存との根本的な違い

「町並み修景事業」の引き金となったのは、一九八二年に、高井家が所有していた鴻山の書斎「翛然楼」を買い取って一般に公開するという構想を、小布施町の行政が打ち出したことだった。

ところが、国道からの翛然楼への入口が、前面に長野信用金庫小布施支店（以下、信金）があって狭く、駐車場スペースも足りない（図2-1a）。このまま行政主導の事業を容認すると、駐車場確保のために町並みを破壊するかもしれないと懸念したのは、地権者でもあった市村次夫である。

市村郁夫の急逝を受けて、町長に就いたのは中村功（在任一九八〇～八四）だった。決してまちづくりに対する熱意がなかったわけではない。よかれと思って行政が推し進め

るとそれまでの良好な家並みをばらばらに解体して終わるのが、相も変わらぬ「道路拡幅」「駐車場確保」などの公共事業の実態である。

しかし、当時あちこちの市町村で進められていた「道路拡幅」＋「沿道家屋の後退にともなう建て替え」＋「駐車場の確保」という三点セットが、小布施の中心市街地の活性化にも有効だと信じて、行政は事業化に踏み出そうとしていた。

もう少し説明すると、この種の道路拡幅事業は、道をはさんで形成された「向こう三軒両隣」といわれる生活共同体を解体してしまう。拡幅された道路は、ますます通過交通がふえ、もはや沿道の店や住宅から生活があふれ出

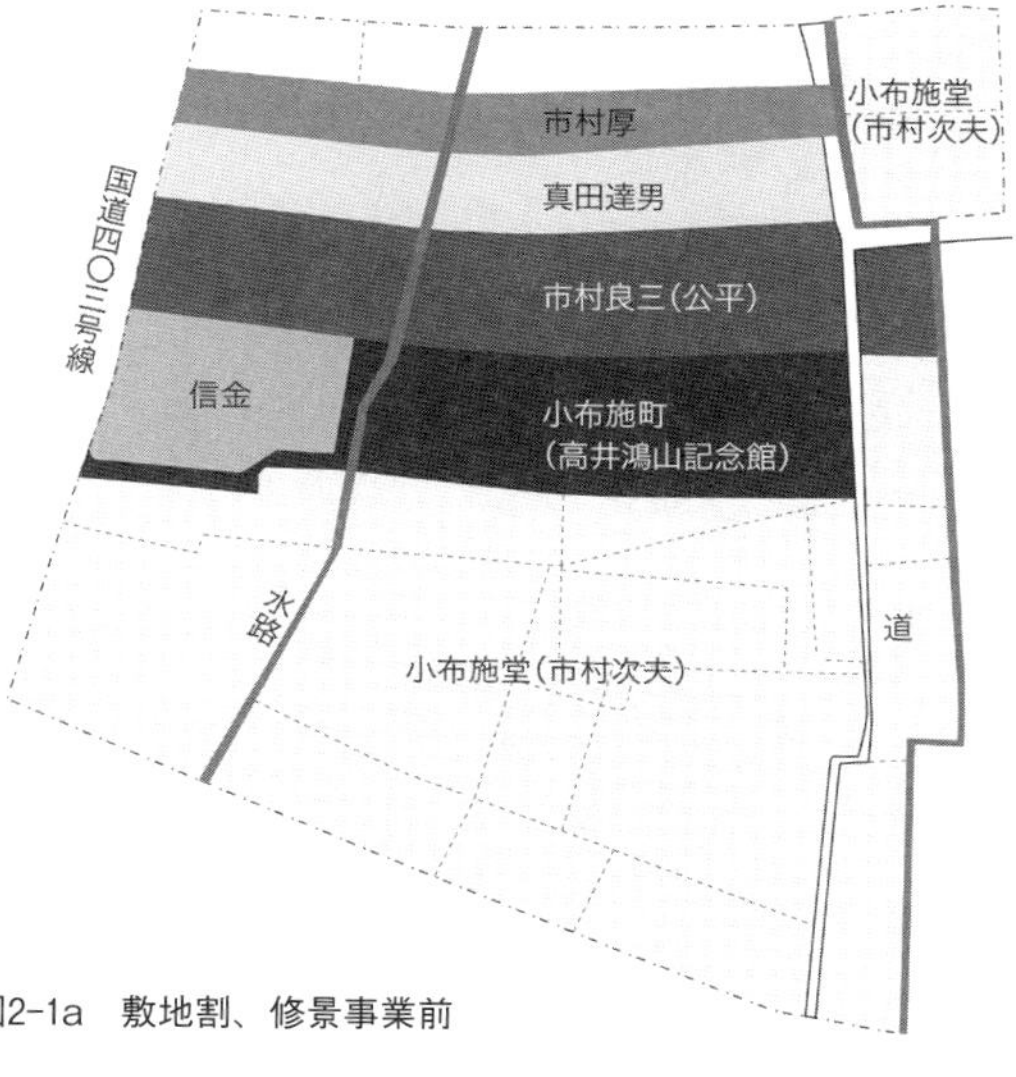

図2-1a　敷地割、修景事業前

るような場ではなくなってしまう。道を渡るにも、車の流れが途切れるのを待たねばならなくなる。

また、後退して新築された家屋はほぼ例外なく、もとの家並みにはあった軒の線、棟の高さ、格子や土壁など細部意匠の共通性を失って、スタイル・材料・色彩がばらばらの様相を呈する。これが現代の建築・都市デザインが抱える最大の問題でもある。「住民主体のまちづくり」といっても、その住民たちが住宅や店舗を自由にデザインしたい、隣とは違うものにしたいと望む状況では、昔の町並みに成立していた個々の建築デザインと全体景観とのあいだのバランスは、もはや得られない。住民、地権者が何を望むかが決定的に重要になる。

そこで、すでに長野県内の多くの失敗例を見てきた次夫は、まず当事者である住民、地権者が全員集まって、これからどうしたいのかを本音で議論すべきだと考えた。北斎館と新しい高井鴻山記念館をつないでこの一画を歴史文化ゾーンとして整備する構想を、行政も信金も個人も全員が集まって平等な立場で練ってみることにした。

歴史様式で装って町並みを観光地化するのではなく、日常生活のなかで自然に歴史文化が感じられるように環境を整備する。古いものは古いものとして残し、それらとの連続性を保ちながら生活環境をつくり上げる修景の方法である。それは、この頃に全国各地でさかんになっていた伝統的町並みの「保存」とは異なるものでもあった。

宮本も、町並み保存の現地に、ときには次夫たちといっしょに何度も足を運んだ。小布施で形をなしつつあった「外はみんなのもの、内は自分たちのもの」という考え方が、そこにもあった。

だが、そこでの最大の問題は、建築家が不在で、結果として「外」と「内」との関係がうまく設計されていないことだった。復原修理され公開された「外」が道に面して並び、生活のための「内」がその奥や脇に設けられている。「外」と「内」との関係づけにまで設計が及んでいないので、住民の生活は「内」に限定されて、訪れた人々が「外」を見学しても、その「外」には生活感がない。生きたまちを体験した実感がないのである。

「内」と「外」の関係づけへの関心の低さが、真の生活文化の向上を妨げており、首を傾《かし》げざるをえないものだった。だから、小布施では町並み保存と異なる方法を採用しようと語りあった。

「まちがこのままでいいのか」という思いは、次夫とは同じ歳の従兄弟《いとこ》、市村良三も同じであった。良三は次夫よりも二年早くUターンしていたので、当時の市村郁夫町長がまちの現状に対して抱いていた強い危機感も熱い思いも、じかに受け止めていた。この二人が、これから動き出す町並み修景事業の両輪となる。良三の父、公平も全権を息子にゆだねて、若い二人を応援した。

一九八二年は、北斎館とオープン予定の高井鴻山記念館をいわば楕円の二極にすえた町並み整備を住民たちが意識しはじめた重要な年である。町内の文化観光協会、ライオンズクラブ、商工会などの呼びかけによってシンポジウム「明日の小布施を語る」が開催されて、「ふるさとづくり」が議論された。今も小布施まちづくりの重要な指針となっている「文化が薫《かお》るまちづくり」「北斎館などを中心にまち全体がミュージアムとなるまちづくり」を町民が意識しはじめたのも、この頃だった。

気運の高まりに呼応するかのように実際にミュージアム建設に動いたのは、町内に本店を構える栗菓子屋の三家。小布施堂に関しては、すでに市村郁夫による「鴻山館」創設に言及したが、これからの町並み修景事業では北斎館と高井鴻山記念館の周辺整備に多大な貢献をする。

竹風堂は、八二年六月に土蔵を改装して、庶民の暮らしの中でのあかりの変遷を展示する「日本のあかり博物館」を開館した。国の重要有形民俗文化財も数多く所蔵する本格的な博物館だ。

そして、もう一軒の桜井甘精堂は八八年一〇月に、本店の美しい和風庭園に社長自身の絵画コレクションを展示する「栗の木美術館」を開館している。

2. そこに住み、働く人たちが主役

一九八三年一一月に、予定通り高井鴻山記念館がオープン。いよいよ「町並み修景事業」への着手となるが、先立つ八二年五月からの二年間、小布施の修景事業を特徴づける動きが水面下で進行する。五者会議が組織されて、事業着手の前に関係者が集まり徹底的に話しあい計画が練られたのである。

五者とは、ここに住むか、ここで仕事をしている当事者であり地権者でもあった人たちで、小布施堂（市村次夫）、信金、市村良三、真田達男、そして小布施町の行政。真田家の母屋に店子として入っていた渡辺洋裁店が加わって、六者で会議をもったこともあった。そこに建築家の宮本忠長がコーディネーターとして加わり、事務所のスタッフがアイデアを図面や模型で形にする役割を担った。

まちづくり事業といえば、多くの場合リーダーシップを握るのは行政だが、五者会議では市村次夫や良三などの住民であり、行政がそれをサポートした。

五者会議が原則としたのは、行政に頼らないことだった。理由は二つあった。

一つは、各自が自立する道を探って、行政に財政支援を期待しないこと。行政の助成金には必ず限度があって恒久的に続くものではないので、事業の成果を子々孫々まで残そうとすれば、経済的にも自立すべきだと考えたからである。

二つ目は、行政はクレームに弱く、安全策をとろうとして身近なところに手本を求めること。しかし、二番煎じでは、苦労も喜びも半分。喜びがなければ、運動は継続しない。まちづくりでは飽くなき向上心が不可欠で、横並びの発想では、全国といわず近隣一円ですら独自性が打ち出せない。自分たちのまちのアイデンティティが確立できず、さらなる目標も定まらないうちに、運動が迷走して、やがて空中分解してしまう。

そこで五者会議では、「地権者が経済的にも自立して、みずから夢を実現する」という新しいまちづくりを考えようということになった。その方法を考えて事業のプログラムを決定するのに、結局、二年を要したのだった。

北斎館や高井鴻山記念館を中心とする「歴史文化の豊かなまちづくり」。これが行政主導であれば、観光目的のミュージアムの整備で終わっただろう。だが五者会議は、観光ではなく、住民が歴史文化の豊かさを実感できる日常的な生活環境の整備を目指した。この違いが決定的に大きい。

ここでは国道四〇三号線のことだが、家並みの背骨となる表通りが南北方向に走る場合、一般的にそれと直交して東西方向に、間口が狭く細長い敷地が並ぶ。いわゆる「ウナギの寝床」と呼ばれる敷地形状である。そして、表通りから母屋、次に離れ座敷《はなざしき》や茶室、さらに奥に土蔵や納屋が建ち、一番奥には畑が広がる。

もう一度、図2-1aを参照されたい。このような家並みでは、母屋は表通りの自動車の騒音・振動・埃に悩まされ、すぐ南に隣家が接しているので日当たりも十分ではない。加えて、どの家でも近代化を目指して、各部屋を壁で囲って個室化を進め、モダンな設備を整えた台所・トイレ・風呂などを増築することで、ますます風通しや採光が悪くなっている。

親子二世帯が同居しようと思えば、間取りから根本的に考え直さねばならなかった。市村良三家と隣の真田家はともに街道沿いの町家で、いずれの家族も同じ場所に住みつづけ、しかも核家族化せずに二世代、三世代がともに暮らしたいと願っていた。

そのために中層ビルに建て替え、何階かを家族で使い、残りの階を貸して、賃貸料で生計を立てることも話題になった。近隣の市町村で起きていた都市化現象が、小布施町組に押し寄せる可能性もあった。

しかし、市村良三は当時、「鉄筋コンクリートのビルを新築して木造家屋の並ぶこの景観を壊していいのか」と考え直して、「生活の場の再構築がまちづくりにもなる方法を、五者会議で知恵を出しあって探そう」ということになったと回想する。

他方、信金は駐車場不足が悩みの種であった。高井鴻山記念館は信金の奥にあって国道から見えにくく、同じく駐車場が確保できていなかった。小布施堂は当時、桝一市村酒造場の酒といっしょに栗菓子を販売していた。栗菓子販売の本店を新築したいと願っていたが、信金に土地を貸していたために実行できない。問題を解決しようにも三者だけでは互いにどう融通しあっても敷地が足りず、北隣りの市村良三家と真田家もふくめて敷地を再編成する必要があった。

3. 当事者すべての希望をかなえること

敷地を再編成する問題は、どう解かれたか（図2-1b）。

次夫と良三は議論を重ねて、「当事者すべてが希望をかなえること」を計画の根本にしようと考えるようになった。当事者のすべてが時代の変化に対応できる良好な環境を獲得することを、五者会議での計画の基本とした。

小布施堂と信金は新店舗を、町は駐車場を建設する。そして、市村良三と真田の両家は、国道から後退した静かな環境に母屋を新築する。それぞれが目的を達成するには、土地を部分的に交換あるいは貸し借りして、敷地を望ましい形状に変更する必要があった。

互いに土地の売買はしないことを、五者会議で確認しあった。これから行う敷地形状の変更は、あくまでも

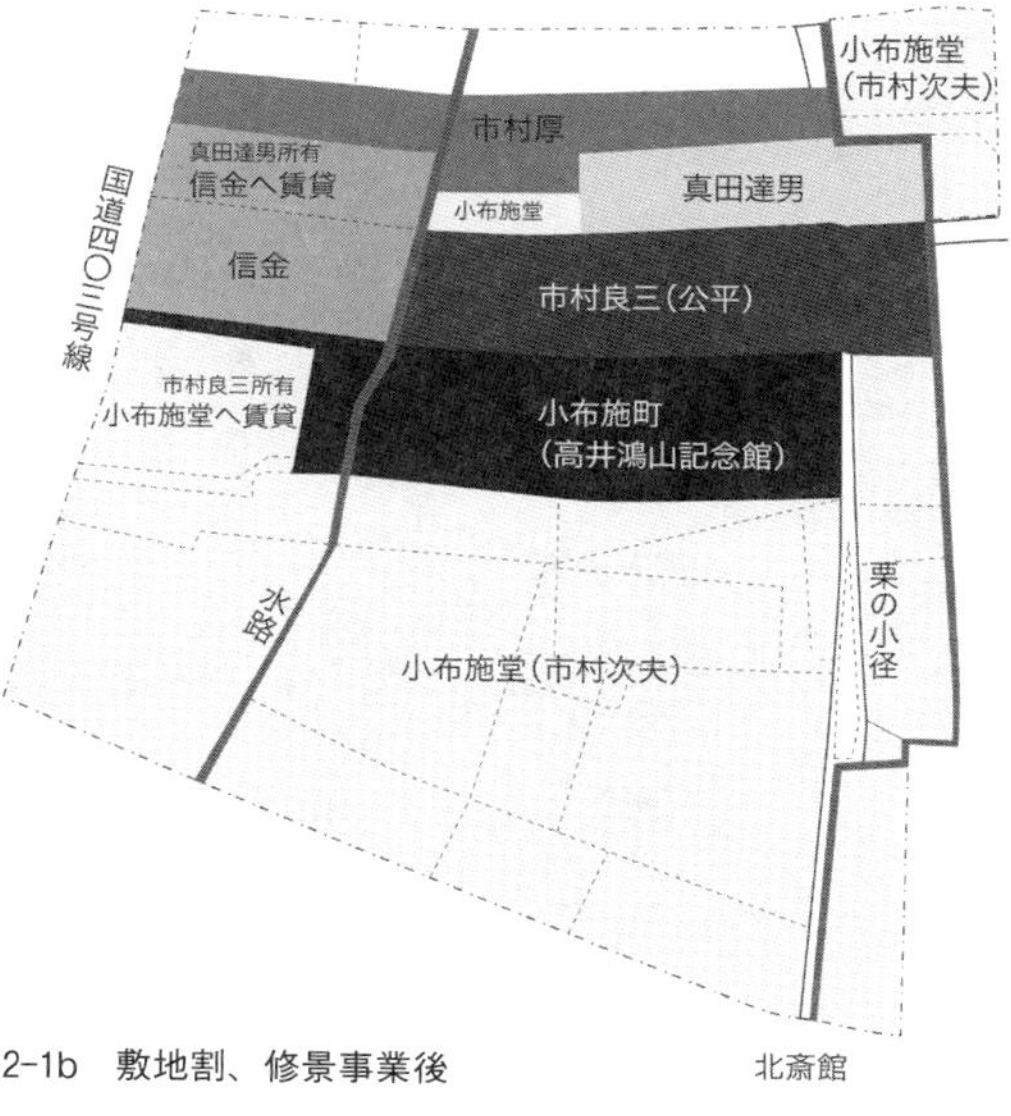

図2-1b　敷地割、修景事業後

協力して望ましい生活環境を獲得してゆくためのものだから、まったくの第三者にも売らない。仲介を入れずに当事者同士が直接話しあって土地を交換することにした。

金銭の授受をともなわない交換という方法を採用することで、新たな経済的負担を生じさせない。わざわざ評価手数料を支払って第三者に地価を決めてもらうこともしなかった。地価の差をいいはじめると、敷地の再編成そのものがストップするかもしれない。面子《めんつ》や小さな損得勘定で計画を頓挫《とんざ》させないために、当事者同士が話しあい納得して土地を交換する方法を選んだのである。

母屋を新築したい市村家と真田家に関しては、その新築費用を工面《くめん》しなければならない。五者で相談して、両家が国道沿いの旧母屋の跡地を小布施堂・信金・町に貸し、その土地賃貸料で母屋新築のための借入金を返済してゆくことも決めた。市村家も真田家も新たな経済的負担を背負わずに母屋を新築し、必要な用地を確保して小布施堂と信金は新店舗、町が駐車場を建設できるようになった。

むろん、ふさわしい形状に敷地を再編成するには、現存する建築のどれを保存し、どれを壊して、どこに新築するかが決まっていなければならない。曳き家するにも、どのルートで曳くか。また、駐車場（広場）・庭・通路をどの位置にするか。最終的な土地の利用形態があいまいでは、ふさわしい敷地の輪郭も決まらない。

しかも、修景は保存と違って、建築の高さも規模も方向も必要に応じて変更し、相互の関係を積極的に調整してゆく。つまり、ある歴史的状態に町並みを復原して、それを保存するのではない。修景事業が創造であって保存ではないといわれる所以だが、このことは、修景事業では、つくり上げられる景観のイメージが関係者全員に共有されなければ「ふさわしい」敷地形状も決まらないことを意味している。

ゆえに、計画の早い段階から宮本忠長の果たす役割が大きかった。建築と建築とのあいだを単なる隙間として残すのではなく、そこに立てば一つの（外部）空間に包み込まれているように感じられることも、宮本は大切にした。

彼は一つひとつの形態にこだわるよりも、常に空間全体を見ようと努めた。何度も話しあって複雑な条件を解きながら、彼の言葉を借りれば「すぐれた住環境を生み出す」敷地形状と建築配置を決めていった。

敷地境界を調整しながら、その上に成立する建築と外部空間の適切な関係まで決めたのだから、市村次夫・良三・宮本の三者がいうように、「この段階が最も重要であった」。

一九八三年も末に近づくと、宮本事務所のスタッフもふくめて五者会議は週一回のペースで開かれるようになった。「幟の広場」や「栗の小径」の各エリアについて、曳き家、解体・移動・再建、新築のいずれかが選択され、具体的な手順が決められ、そして完成像が固められていった。

高井鴻山記念館のオープンを受けて同年一二月には、「幟の広場」エリアでの実測調査、そして新築される市村良三邸・真田邸・信金の設計がはじまった。三者の施工会社が同じではないので、工事を円滑に進めるために三者間の調整をする困難な仕事も、宮本事務所が引き受けることになった。

4．歴史を大切に、だが現代生活を犠牲にしない

二軒の母屋の新築工事がはじまった。市村邸と真田邸の母屋は思い切って表通りから後退させられ、しかも南からの日照を十二分に受けられるようにと、互いに東西にずらして配置された。南側の母屋の日陰に北側の母屋がこないように、という配慮である。そして、母屋の周囲には樹木がたっぷりと植えられた（写真2-1）。

町並み保存では、道路に沿って住宅や店舗が並ぶ旧配置を現代生活のために変更することは許されない。歴史的な姿に復原された真新しい家屋が通りに並ぶ。また、復原家

屋を隠すほど大きく茂った樹木がそこにはない。これが、町並み保存地区の全体が映画のセットのように見える理由でもある。

宮本の設計する住宅地は違う。彼の住宅設計は、現代生活に必要な条件を犠牲にせず、緑もふんだんに導入する。「まちづくりは、暮らしづくりだ」と宮本はくりかえす。しかも、「現在だけではなくて子々孫々まで暮らせる住宅の設計が最優先されるべきだ」とも彼は主張する。歴史文化は大切にするが、配置・形態・材料を選ぶのに過去にしばられたくない、ということである。どの点においても暮らしが犠牲にならないどころか、快適で物質的にも精神的にも一層豊かになれる住宅を設計したい。宮本のこの思いは、完成した市村良三邸からも真田邸からも感じることができる。

表通りにどんなに車と人があふれていても、両家は「市《し》中《ちゅう》の山居《さんきょ》」。静かで緑豊かな庭には、小鳥さえ飛んでくる。「外はみんなのもの」、相互に少しずつ関係性をもった家並みを生み出すために、木々のむこうに見える両家の屋根は

写真2-1　真田邸（右）と市村良三邸（左）、屋根形状が巧みに関連づけられている

まったく同一形態ではないが、同じ勾配と葺き方になっている。

宮本が説明する「こちらの要素を、あちらにも少し」という関係である。互いに位置をずらせたことで目隠しの必要がなくなり、塀は取り払われた。母屋は新築で、庭も新たに造園されたものだが、昔からの樹木や石組みを再利用しているので、全体としては長い時間を経た住環境のように感じられる。

「幟の広場」の正面にある荒壁のままの土蔵は、現在も市村良三家が所有する。長い年月で風化した大きな荒壁が背景なので、広場そのものが昔からここに存在しつづけているかのように感じられる（写真2-2）。

写真2-2 「幟の広場」、奥に胡桃の木と留蔵、左手に手前から茶室・宝暦蔵・米蔵、地面には白色駐車線に代わる樹影／風紋パターンが浮び上がる

だが、広場の設計過程を後ほど説明するように、この一帯はウナギの寝床のような細長い敷地ばかりで、修景事業の前には広場らしきものは存在していない。

広場の輪郭が新たにつくられたとは思えないほど不整形で、しかも土蔵などの古建築群がまわりを囲む。あまりの自然さに、古い家並みの奥まった場所に昔からあった空き地を広場に整備して駐車場にも兼用している、と誰もが思い込む。

だが、周囲の敷地境界を変更し、既存の建築を曳き家して空き地をつくり出すところから、建設事業はスタートしたのである。

この広場奥にある市村良三家の土蔵は、周囲の建築が曳き家で移動しても、唯一の不動点として昔の位置に留められている。そのために計画段階から五者会議で「留蔵《とめぐら》」とよばれた。

新母屋への引越しが終わったところで、市村良三家の旧母屋が取り壊された。

国道に面して渡辺洋裁店が入っていた真田家の旧母屋は、同店が出た後、曳き家して高井鴻山記念館の新管理棟にする予定であった。その予定の

写真2-3　真田家旧母屋の曳き家、工事写真

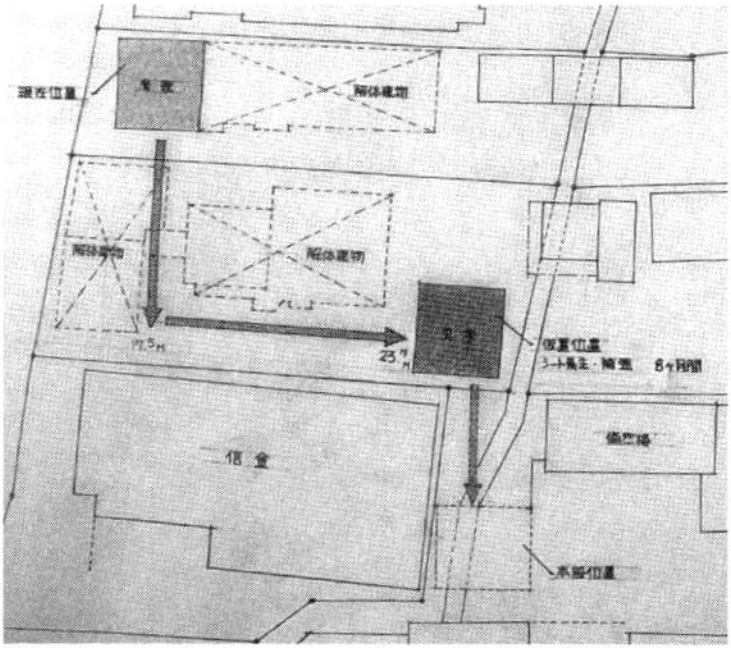

図2-2　同上、移動経路図

場所にまだ旧信金が建っていたので、ひとまず仮の場所に曳き家された。

どこも休業とか仮住まいをせずに、新家屋を竣工させて旧家屋からそこへ直接移る、という方針は徹底していた。そのために新信金が完成して旧信金が取り壊されるまで、真田家の旧母屋はしばらく仮の場所に留め置かれたのである（写真2-3、図2-2）。

5．畦道が、昔からあったような「新しい」路地に〜栗の小径

「﨑の広場」エリアで事業に必要な用地が確保された頃、宮本事務所では「栗の小径」の設計が進んでいた。北斎館から新たにオープンした高井鴻山記念館へと歩くための連絡路だ。

現在の「栗の小径」は、かつては小布施堂の東に広がる畑の畦道だった。このことは意外に記憶されていないし、知られてもいない。小径を北斎が歩いたかのように町の観光ガイドが説明するのは、昔からの路地と思いこんだ誤解から来ている。

宮本事務所に保管されている初期の図面によれば（図2-3）、最初は畑を駐車場に変えて畦道を舗装するだけの工事を予定していたようだ。駐車場で車を降りて高井鴻山記念館に入るか、あるいは舗装された畦道を歩いて北斎館に進むか。田畑の中の駐車場か

らアクセスするという、地方の公共施設にしばしば見られる方法が、ここでも考えられていた。

その施設に入る前や出た後にも同質の空間にいるかのように周辺環境が整備されていれば、いかに施設本体が小規模で簡素でも、印象が継続し深まりもする。逆に、外に出ると埃っぽい駐車場が広がるのでは、北斎館も高井鴻山記念館もまさに孤立状態に置かれる。現代的景観の中に歴史的空間が孤立する。つなぐことで印象がふくらみ深まるのに、つなぎの空間が全然考えられていない、という状況である。

交通量が多くて騒々しい国道とは別に一本の裏通りがあるだけでも、まちの印象そのものが豊かになり深くもなる。しかも、その裏通りが駐車場に面するアスファルト舗装の道路ではなく風情のある路地であれば、印象はさらに深まるだろう。

人間は無意識のうちに心理状態や気分にあう空間を選ぼうとするから、明るい表通りと多少暗い裏通りという対照的な道空間が用意されているのは、優れたまちづくりの要件でもある。

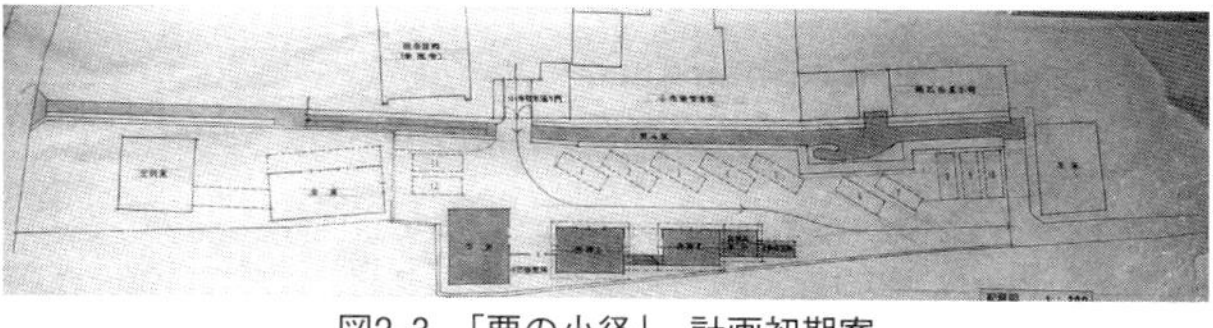

図2-3　「栗の小径」、計画初期案

宮本が、「路地、裏通りのような湿っぽい空間が都市には必要です。昔の子供たちは成績表をもらった帰り、成績が良いと表通りを堂々と帰るが、悪いと裏通りを、誰にも会わないように帰ったりしたものです」というのも、その意味だ。

しかも、現状の「栗の小径」からも分かるように、直線的な路地ではなくて、ところどころに広場的な「たまり」の空間が設けられた。広場にせよ路地にせよ輪郭を直線状に整えて建築を機械的に並べることを、宮本は意識的に避けている。

あえて幾何学的に整えない。多様な要素が何気なく呼応するかたちで路地や広場の空間が発生する。そういう部分同士の自然な呼応関係によって全体を成立させるところには、同世代の建築家、槇文彦が東京の代官山ヒルサイドテラスで示した「グループフォーム」に通じるものがある。

路地にせよ小広場にせよ、東側すなわち畑側が開け放たれずに建築で閉じられている必要があった。まとまりのある空間とするには、何かで周りを囲んで閉じなければならない。閉じることによって一つの空間が成立する。そのために最初は、二階建ての蔵か倉庫を路地の畑側に並べる構想だったようだ。

しかし、高い二階建てにすると路地が暗く、狭く感じられる。寒い冬は陰鬱な場所になるであろう。そこで、路地に接する屋根を下げて、路地から離れるほど次第に高くなるように、沿道の建築ヴォリュームが調整された。路地に接する軒先部分は、二メートルほどの高さに抑えられている（写真2-4）。

「栗の小径」沿いでも古い建築を保存し、ときには移築する作業が積極的に進められた（図2-4）。最初に、「市村良三家車庫」（1）が土蔵風の装いで新築された。北斎館から緩やかな下り坂となった「栗の小径」を歩いて来ると、この車庫に突き当たるから景観としても重要な場所だ。

「栗の小径」がまだ畦道だった時代から、古い高井家通り門と小布施堂土蔵が並んでいた。高井鴻山記念館がオープンして、高井家通り門が「記念館東門」（2）に改修され、もう一棟の「小布施堂土蔵」（3）は現状のまま保存された。通り門の記念館東門への改修では、黄色みをおびた砂壁が白漆喰に変更されたが、変更は土蔵との関係から決定された。新築された良三家車

写真2-4　「栗の小径」、低く抑えられた東側（写真右手）の屋根

庫の土蔵風デザインも、この土蔵を参照したものだ。

北斎館寄りの小布施堂文化事業部が入る「通り門」（4）、さらには「塀」（5）もまた、土蔵を基調に新たにデザインされた。ひとまとまりの都市空間をつくるときに、中核をなす古建築の形態・素材・色調を基調として全体の調子を決めるのが、小布施の修景の基本的な手法なのである。

「栗の小径」と畑とを隔てるために建てられた建築群のうち、「イベント蔵」（6）や「栗染め工房」（7）と命名された土蔵は、旧鴻山館を解体してここに移築したものだ。その北側の「小布施堂倉庫」（8）は新築だが、目立つことなく「栗の小径」の背景と

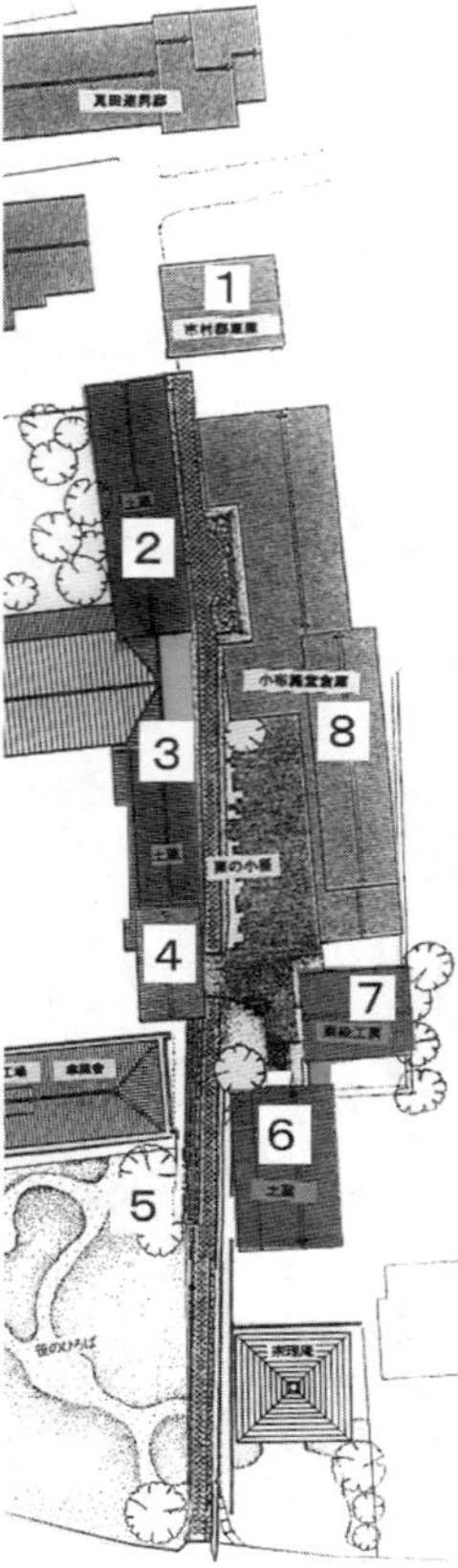

図2-4 「栗の小径」エリア

なっている。土蔵を基調とする修景の精神が、細部まで浸透している。

いよいよ、全長一〇〇メートルほどの「栗の小径」の工事である。北斎館前から高井鴻山記念館入口まで大体八五メートル、そこから一〇メートルほどで市村良三家の車庫に突き当たり、右折して五メートルほどで「栗の小径」は終わる。

良三邸から見ると分かるように、小径が南の北斎館へと緩やかに上る坂道になっているのは、南が高く北が低い松川扇状地だからだ。しかも、小径は北斎館に近づくにつれて右方向にわずかにカーブし、沿道の建築の壁もそれにあわせて湾曲する（写真２-５）。平坦で直線的な一般の計画道路とは対極にある、自然な散策路となっている。

小径は二メートルから四メートルほどまで道幅が変化するが、中心軸は幅一メートルほどで、この部分は九センチ×九センチ×六センチの大きさの「栗の木《もく》レンガ」で舗装されている。

コストは一般的な黒アスファルト舗装の数倍かかるが、「そもそも黒アスファルト舗装の何倍という比較がおかしい」と市村次夫たちは考えた。確かに

写真2-5　北斎館にむかって右に湾曲する「栗の小径」

日本中のいたるところに使われているので道路の標準仕上げと思い込む者もいるだろう。だが、黒アスファルト舗装が一般化するのもここ数十年のことで、道路仕上げの一つの方法と捉えるべきだ、というのである。

この小径は車が行き交う国道とは空間の質を変え、北斎館と高井鴻山記念館をむすぶ、歴史と文化を感じさせる道空間とすべきだ。小布施にたくさんある栗の廃材を活用して、ここにしかない場所をつくろう。このような思いから、栗の木レンガによる舗装が決まった。

栗の木レンガは温かみのある風情が好評で、修景事業では国道沿いの歩道の舗装にも、さらに事業後も町内の各所で採用されている。栗の木は鉄道の枕木にも使われたほどに耐久性・耐湿性にすぐれているが、サイコロ状に使うと木材だから割れ、表面が磨耗すれば雨や雪の日には滑りやすくなる。こまめな補修と管理を必要とするから、使いつづけるには町民の強い愛着と支持が必要だった。

栗の木レンガを足裏に感じながら坂道をゆっくりと歩けば、屋根や壁の表情が少しずつ変わり、沿道の景観が変化してゆく。一時期コンクリートで蓋をされたU字溝も石積みの水路に復原されて、澄んだ水の流れが見え、せせらぎの音も聞こえる。小布施堂の傘風舎からは、かすかに栗菓子の香ばしい匂いが漂ってくる。季節によって、また一日のうちの時間帯によって、異なる栗菓子の匂いがする。「栗の小径」は、五感で楽しめる道空間になっているのである。

6. 単なる駐車場ではない空間〜幟の広場

「栗の小径」が着工されて、宮本事務所での設計作業は「幟の広場」に移った。当初の目的は、高井鴻山記念館・小布施堂・信金のために駐車場をつくること。しかし、ここで宮本が提案したのは、駐車場であると同時に人の集う広場にもなる都市空間をつくることだった。

Aであると同時にBでもある。これは、著書『建築の多様性と対立性』(伊藤公文訳、鹿島出版会、一九八二)でロバート・ヴェンチューリが主張した「両義性」あるいは「両者共存(both-and)」の考え方だ。当時は「AかBか」の選択を迫るモダニズム思考から「AもBも」というポストモダニズム思考への移行期であって、私もその一人だったが、建築学生・研究者たちが「これからはAかBかではなくて、AもBもというボース・アンドの時代なのだ」というように議論していた時代である。

私たちの周囲にある魅力的な空間をよく観察すると、単一ではなくて多様な意味を内包し、使い方もひと通りではない。そして、多様な目的で大勢の人々が出入りする空間ほど、活気があって魅力的でもある。そのような空間は、おのずとエリア全体の中心になっている。

駐車場が魅力的でなく常に従属的な存在でしかないのは、何よりも駐車というひと通りの使い方しかできないところに原因がある。小布施の中心部を占める大切な空間を単なる駐車場にすれば、この一帯が活気と魅力を喪失するだろう。宮本は、そう考えた。

写真2-6 「幟の広場」の樹影／風紋パターンの工事写真

しかし、駐車区画の白線を引いただけで、いくら多様な使い方を主張しても広場が駐車場に見えてしまう。祭り会場に使おうにも、駐車場の印象は決して拭い去れない。

そこで、車を駐車位置まで誘導するために、コンクリート舗装に四色の玉砂利を混ぜて、国道側から太い幹が伸びて次第に枝分かれしてゆくという、樹影あるいは風紋にも見えるパターンを地面に浮かび上がらせた(写真2-2、2-6)。車は国道側の入り口から進入して幹に沿って進み、枝と枝のあいだに駐車する。車がないときも殺風景な駐車場ではなく、アートとして樹影あるいは風紋が描かれた広場に見える。

この紋様は、五者会議で宮本がホワイトボードに即興で描いたところ、メンバーに大いに受けて採用されたものだそうだ。

国道から「幟の広場」への入り口の幅は五・五メートル。広すぎると国道沿いに大きな空隙が生まれて家並みが途切れた印象を与えるので、出入り用の二車線がとれる幅におさえられた。しかも、広場の中心軸が内部で左に曲げられて、国道からは広場全体が見渡せないように配慮されている。全体が一度に見えてしまうと狭く感じられるので、人の動きとともに次第に内部が見えて奥行きが感じられるように、工夫されているのである（写真2-7）。

広場は「口をしぼった袋」のようで、まさに宮本のいう「都市に欠かせない内懐《うちぶところ》のような空間」になっている。全体としては閉じて不規則な輪郭の広場である。前出の『広場の

写真2-7　国道からの「幟の広場」の眺め、入り口が狭められて駐車する車も一部しか見えない

造形』でカミロ・ジッテは「都市内部のオープンスペースが単なる空き地ではなくて広場となるための条件」について書いているが、見事にそれを充足する（同書第3章「閉ざされた空間としての広場」参照）。

広場が物理的にも精神的にも都市の中核となるのに必要な「芸術的効果」を、ジッテは何度も強調している。土壁と瓦屋根の木造家屋で構成された日本的風景の「幟の広場」で、その効果が感じられるのは驚きでもある。

大きさも向きも素材も異なる家々が並び、家と家とのあいだが隙間だらけの日本のまちでも、力量のあるコンダクターがいて、方法を工夫すれば建築の素晴らしいアンサンブルが生まれ得るということだろう。

「幟の広場」の奥、留蔵の前に、市村良三家が所有する胡桃《くるみ》の木が一本生えている。この胡桃の木のあつかいが、五者会議で議論になった。取りのぞけば、車二台が駐車できる。大きな堅い胡桃の実が落ちれば車を傷つける、あるいは、落ちた実を踏みつけると足をくじく、などと心配する声も出た。

議論の末に、胡桃の木は残されることになった。留蔵の荒壁を背景とした胡桃の木のうっそうと葉の茂る夏の姿も、葉を落とした冬の姿も、これほど絵心を動かすものはないであろう。

「幟の広場」は非常によく工夫された美しい広場であって、二〇世紀に誕生した国内外の都市広場のなかでも特筆に値するもの、と私は考えている。

7．まちづくりの風をおこした二年以上の忍耐強い議論

「幟の広場」の設計プロセスを伝える図面が、宮本事務所に保管されている。図面制作の日付にしたがって並べると、敷地形状の変化、樹影／風紋のパターンの採用などのプロセスが手に取るように分かる。

最初は、一九八四年三月の日付のある図面（図2-5）。敷地割に大きな変更は加えられず、ウナギの寝床のように細長くのびる敷地が並んで、その中央を横断するように用水路が走っている。小布施のほかの用水路と同じように南から北に向かって流れる。

この最初期では、良三家所有の家屋のうち、用水路をこえた奥の敷地にある茶室・宝暦蔵・米蔵も、のちに留蔵と呼ばれるようになる土蔵も、いずれも動かさない考えだったようだ。用水路までを駐車場としている。また、家並みの連続性を保つために駐車場入り口に、この地域に多い「くぐり門」を計画している。車は図面左の国道から門をく

ぐり抜けて駐車場に入る。

八五年一二月の図面（図2-6）では茶室・宝暦蔵・米蔵が五メートルほど北に曳き家されて、広場の奥すなわち用水路の東側にも広いスペースが生み出されている。そこに胡桃の木を中心とした円形の広場が構想されている点が新しい。ヨーロッパ的な円形広場があらわれ、国道側の「くぐり門」という地域的モチーフは消えている。

八六年一月一六日付の図面（図2-7）では、円形広場をやめて駐車スペースを最大限にとろうと試みている。

以上の図面では、いずれも四角い駐車区画が描かれているが、八六年五月六日付の図面（図2-8）には、あの樹影／風紋のような駐車誘導線があらわれている。検討しはじめてから優に二年以上たっており、五者会議が単なる駐車場をこえるアイデアに到達す

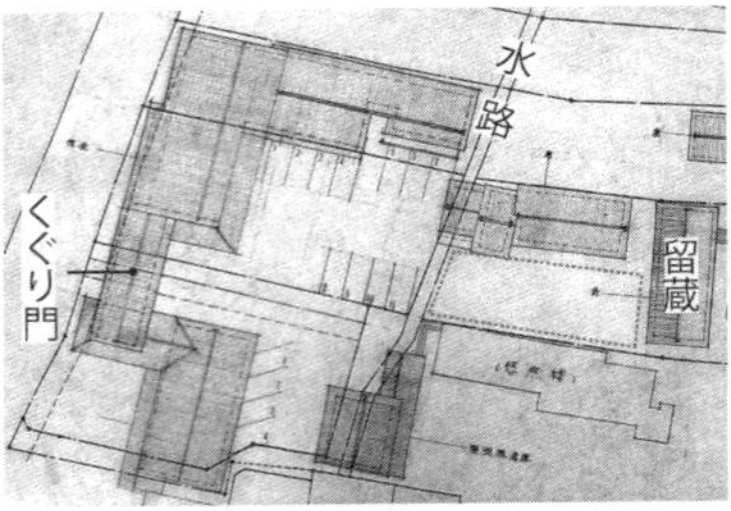

図2-5　「幟の広場」計画案（1984年3月）

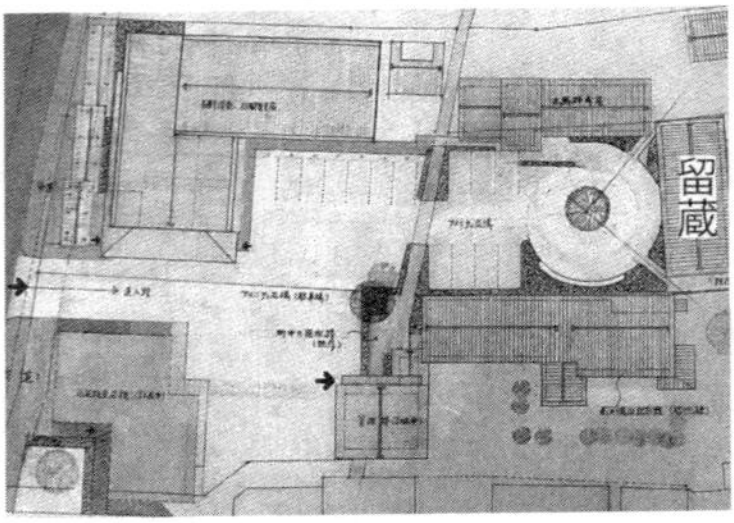

図2-6　同上（1985年12月）

るまで、いかに忍耐強く議論していたかが窺える。

広場を不規則な形にし、周囲に古い土壁の建築を配して、さらに樹木を植えても、白い駐車ラインがある限り駐車場にしか見えなかった。玉砂利を使った樹影／風紋のアイデアによって、求めていた「駐車場であると同時に広場でもある都市空間」が、確かに具体化してきたのである。

こうして「幟の広場」の設計が終わった。

信金の新築が終わると、旧信金が取り壊された。しかし、真田家の細長い敷地の奥には、まだ東西に二棟の土蔵が並んでいた。そのうちの東の土蔵を壊して、そこに西の土蔵を曳き家した。これで生じたスペースに向かって、良三家の茶室・宝暦蔵・米蔵の三棟を北に五メートルほど曳き家した。

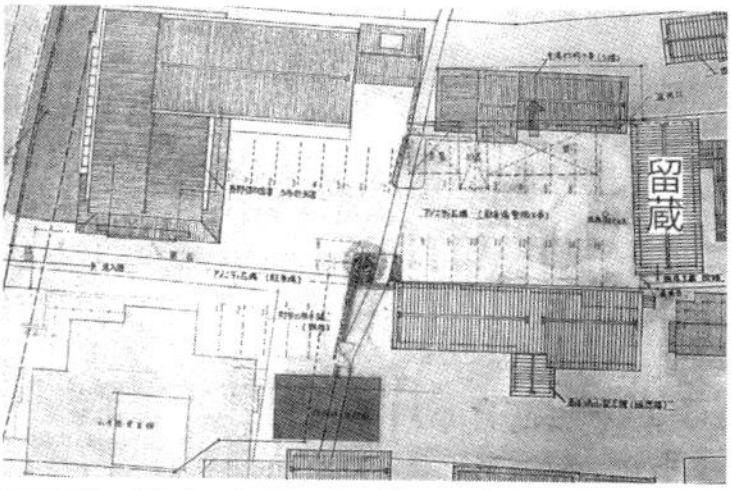

図2-7　同右（1986年1月16日）

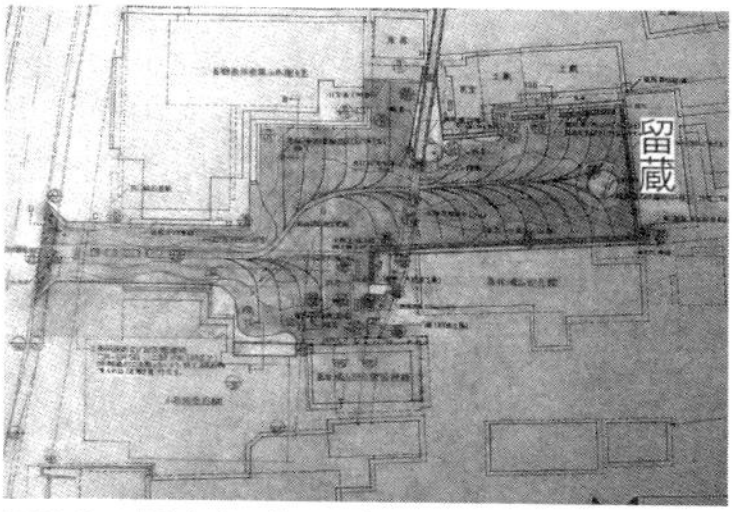

図2-8　同右上（1986年5月6日）

すると、用水路をこえた東側にも広いスペースが生まれ、駐車場／広場を良三家の留蔵まで拡張できたことは、前述の通りである。茶室・宝暦蔵・米蔵の三棟は「幟の広場」に面して、現存している。

次に、高井鴻山記念館の旧管理棟を取り壊した。そこに仮の位置に移動しておいた真田家の旧母屋をもう一度曳家し、改修して新管理棟とした。

残るのは、小布施堂本店の新築工事。店舗建築において「外はみんなのもの」という精神を視覚化するにはどうすべきか。侃々諤々《かんかんがくがく》の議論が繰り返された。客に媚《こ》びず、おおらかな姿で、どう「もてなし」の心をあらわすか。ほぼ一年をかけた議論とスタディの末に、大きくゆったりした屋根が前面で低くおさえられた現在の本店らしい建築の姿になった。伝統と格式を意識しすぎると店構えに威圧感が出てしまうが、威圧感のない悠然とした屋根の造形となっている（写真2-8）。

写真2-8　小布施堂本店

周辺の建築工事がすべて完了したところで「幟の広場」の着工となった。

「栗の小径」も「幟の広場」も、町の公募で決まった呼称だ。町でつくるガイド・マップにも、これらの呼称が使われている。後者は、高井鴻山記念館前の広場でもあって鴻山の揮毫《きごう》による幟が常にはためいているところからの命名だが、これまで述べてきた五者会議で練り上げた広場のデザイン・コンセプトとは必ずしも一致しない。この都市空間を象徴する風紋のイメージを伝えるために、宮本は「風の広場」とよぶ。北斎館や「栗の小径」とともに小布施のまちづくりを象徴する存在であって、この完成をきっかけにして、現実にまちづくりの風が吹きはじめた。宮本は、まちづくりの新しい風への期待も命名に込めたのだろう。

8. 国道沿いの歩道空間を整え、まちの顔を仕上げる

修景事業は、「栗の小径」エリアと「幟の広場」エリアのほかにもう一つ、国道沿いの歩道の整備を含んでいる。観光客だけではなくて住民も日常的に利用する国道沿いの歩道は、まちの顔を仕上げる意味でも整備が必要であった。この歩道を整備すれば、いくつかの主要施設と「栗の小径」「幟の広場」をつないで、修景地区の周囲をめぐる回遊路が完成することにもなる。

小布施堂本店の建設が進行中だったが、国道から北斎館への導入路の入口角にたつ小布施堂（桝一市村酒造場）の麹蔵《こうじぐら》を、二・五メートルほど後ろに曳き家する工事がおこなわれた。曳き家によって、北斎館にむかう街角に小広場のような空間が誕生した。

麹蔵の基礎には、この地方独特の「ぼたもち石」とよばれる丸く大きい自然石が使われている。この機会に周囲の地面を掘り下げて、土に埋もれていた「ぼたもち石」が道行く人にも見えるように変更された。今では珍しい大きな自然石を並べた基礎は、一つ

写真2-9　麹蔵と街角広場

写真2-10　麹蔵基礎のぼたもち石

写真2-11　信金前の小広場的な歩道空間（右手に国道）

ひとつの丸石が布袋《ほてい》さまの丸みのある腹のようにユーモラスな形で、見る者の心をなごませる（写真2-9、2-10）。

さらに、信金と小布施堂本店の新たに建てる店舗を、ともに国道から後退させた。そして新店舗前の所有地を、国道の一・五メートル幅の歩道とともに栗の木レンガを用いて一体的に舗装することで、小広場的な都市空間が創出された。歩道でもあり小広場でもある場所をつくるのに、ここでも民有地が公の利用に供されたのである（写真2-11）。信金が、この小広場／歩道空間に面する店舗の壁面を「町民ギャラリー」に仕上げたことによって、道行く者が足を止めて展示を楽しむ場にもなっている。

この舗装工事が終わった時点で、一九八二年五月から五年をかけた「小布施町並み修景事業」が、いちおう完了した。

9．良い意味で「常に工事中」

これまでも指摘したように、小布施のまちづくりは、子々孫々まで住んで働ける環境を整備することが目標であった。しかも、すでにあるものを有効に使うことによって質の高い生活環境を整えること。これが修景である。何もしなければ、近代化だ、都市化だ、工業化だという掛け声のもとに、長いあいだに培ってきた歴史文化が破壊されてしまう。当時の関係者に共通する思いはここにあって、それは現在も変わらない。

予想をこえて修景の評価が高まり、観光客が急増した。一九八六年に創立一〇周年をむかえた北斎館は、翌年には入館者一〇〇万人を達成した。加えて、八六年に潤《うるお》いのあるまちづくり優良地方公共団体自治大臣表彰、八七年に日本文化デザイン会議から地域文化デザイン賞、八八年に建設大臣からまちづくり功労賞表彰、八九年に公共の色彩賞、そして郷土文化賞、というように毎年大きな賞を受けるようになった。早くも九一年に、北斎館の入館者が二〇〇万人を突破した。

現在は町長になっている市村良三も「決して最初から望んだわけではないし望んだからといって必ずしも実現できるものでもなかったはずだ」と前置きしながら、「事業直後から対外的評価が急激に高まって大勢の観光客が訪れるようになったことが、町民にまちづくりの重要性・有効性を認識させるのに絶大な効果を発揮した」という。

小布施のまちづくりが、動き出した。

個人ではなく協力しあって実践すれば、日常の生活行為の繰り返しで十分に、外部から評価されるものを生み出すことができる。このシンプルな真理に小布施町民が気づいたのである。いったん弾みがつくと、まちづくり運動は急速に広がっていった。

小布施の修景地区は、良い意味で「常に工事中」である。営業を継続して客をむかえ入れ、もてなしに粗相《そそう》がないように心配りしながら、常に建築や庭に手を入れている。

現在では年間に一二〇万人も訪れて、大勢の人々が歩いたり佇《たたず》んだりする。当然のことながら、修景地区も必要に応じて空間の規模や構成を手直ししなければならない。全面的に再開発、建て替えと進む例が多い昨今、少しずつ改善することによって当初の姿を保ちつづけているのは珍しい。それも修景だから可能なのである。

文化財として凍結するのではなく、状況にあった成長変化を許容するまちづくりになっている。ヨーロッパに例が多いように、一〇年、二〇年ぶりに訪れても路地の先に何があるかが分かる。

もともと小布施の修景は、宮本忠長が説明するように、全体の雰囲気を極端に変えず、部分に少しずつ手を加えて進められる。キャンバス上のある部分に色を置くと、その筆で他の場所にも少し色を置いて、全体の調子を整える。手を入れる作業が常にどこかでおこなわれて、継続的にブラッシュ・アップしつづけるのが修景だ。

たとえば、一九九一年九月の増改築によって、北斎館はそれまでの収蔵に重きをおいた単純素朴な構成から、見学者に配慮した小さいながらも回遊動線を備えた美術館らしい空間構成に変更された。かなり複雑な外観に変わった。

と同時に、北斎館と道路をはさんで向きあう宗理庵も、バランスをとるために規模を大きくして、より複雑な形態に増築され、「傘風楼《さんぷうろう》」という名の洋食レストランに改装された。栗菓子工場「傘風舎」の増築部分も瓦屋根が掛けられ、市村次夫邸の離れも建築高を周囲にあわせ、昔からの佇まいを残しつつ建て替えられた。これらの増改築の効果は絶大で、修景地区の中央に、幾重にも甍《いらか》がかさなる風景が創出された。

写真2-12　北斎館前から眺める甍の波

小布施では、扇状地の勾配ゆえに北西方向が低い。北斎館の前に立つと、北西方向に見おろすかたちで市村次夫邸（小布施堂あるいは桝一市村酒造場）の全体が眺められる。幾重にも瓦葺きの切妻屋根がかさなる景観は、日本各地で消滅している昔の集落景観を思い起こさせ、修景地区の新しい見どころになっている（写真2-12）。

「笹の広場」に面する小布施堂（桝一市村酒造場）の酒蔵は、九八年に、世界各地でホテルや店舗のインテリアを手掛ける香港在住のアメリカ人デザイナー、ジョン・モーフォードによって、「蔵部《くらぶ》」というレストランに改装されて、人気を博している。

蔵部の前の「笹の広場」からは花壇が取りのぞかれ、地形の起伏が大きく増幅されて、大きめの栗の木レンガを敷き詰めた舗装が、粋な雰囲気を醸し出す。

二〇〇七年に北斎館駐車場脇にオープンした宿泊施設「桝一客殿《ますいちきゃくでん》」も、長野市から移築した三棟の土蔵を中心とする七棟の木造建築で構成して、小布施堂の瓦葺きの切妻屋根が連なる風景を、さらに拡張したかたちになっている。内部はモーフォード好みの粋な和風モダンで統一され、何日でも滞在して寛《くつろ》ぎ執筆などもできる現代的設備をそなえて、居住性の高さが追求されている。

実に贅沢な時間を提供して、徹底して快適さを求める現代社会の一方向にも応える。一歩外に出れば、早朝や夜は時が止まったかと思うほどに静寂に包まれた修景地区が広がる。

10. 建築と建築、人と人を組みあわせる仕事

南に広がる小布施堂の修景事業とは別に、一九九〇年代に、大日通りを越えた北側の

街区で、住民と行政によるもう一つの修景事業がおこなわれた。

九三年一月に商工会の地域振興部が、農商工業の生産性・収益性の向上という旧来の目標を「まちづくり」にシフトさせて、拠点となる会社組織の立ち上げを決定した。それまでの商工会の活動は、個人個人が経済的に豊かになることを目指すものだった。しかし、小布施町全体が豊かにならなければ真の豊かさの実感には至らないことが、ここでも理解されるようになったのである。

心の豊かさ、人と人の交流の豊かさ、そしてまちやむらに感じられる豊かさの必要性が、人々に意識されるようになっていた。そこで、これから創設する拠点は、訪れる人々をもてなして適切な情報を提供する場でもあるべきだ、ということになった。

同じ頃、役場内部でも町営の「公式ガイドセンター」の設立が構想されていた。そこで両者は、官民協働の形態をさぐる研究会を立ち上げることにした。かつての官民協働すなわち「五者会議」の経験が、まだ生きていた。

第三セクターとしてのガイドセンター「ア・ラ・小布施」の設立が決まり、建築設計者に再び宮本忠長が選ばれた。ア・ラ・小布施そのものは小さなガイドセンターにすぎないが、大日通りの北側の街区にまで修景事業を拡大させる契機となった。ア・ラはフランス語の〈à la〉であって、何々風にとか何々流にという意味だから、ア・ラ・小布施は「小布施風に、小布施流に」ということになる。

第二の修景事業に発展したのも、小さなガイドセンター一棟の建設で終わらなかったからだ。正確にいえば、終わらせなかったからである。ほかの市町村であれば一棟を建てて終わったに違いないが、小布施の修景では常に、たとえ建築単体を対象としても、それをきっかけにして周辺環境の整備にまで広げてきた。

新しいものを建てれば、それを周囲の環境になじませるところまでやる。そのために小径を整備し、小広場をつくることもある。宮本が絵を描く行為にたとえたように、こちらを変えれば別の場所も少し変えて、バランスをとる。建築づくり（施設づくり）に終わらず、まちづくりとして事業を展開する姿勢のあらわれであった。一つだけが際立つのではなくて他者と共生することで、より大きな成果を生む。豊かさが実感できるまちをつくる。

第二修景事業への展開には、もう一つ理由があった。小布施町では官でも民でも新規事業は、赤字体質にならない健全経営を大前提としている。ガイドセンターも無料で情報を提供するだけでは駄目で、運営をつづける収入源を考えねばならない。そこで、ガイドセンターが経営する有料の宿泊施設「ゲストハウス小布施」を建設することにしたのである。

願ってもないことに、ガイドセンターの建設用地の隣に樋田《とよだ》医院があって、敷地は広く、母屋のほかに通り門・納屋・土蔵もあった。しかも樋田医院は当時、道路拡幅によって敷地を削られ、母屋を奥に移動させる必要に迫られていた。

そこで、修景地区の真田家や市村良三家のように、母屋を敷地の奥に新築して庭を整備し（写真2-13）、同時に、無用になる納屋と土蔵をガイドセンターで借りて宿泊施設に改装することにした。修景事業から受け継いだ方針として、買い取らずに借りた。

納屋と土蔵を曳き家して樋田邸とは別の区画に移し、四客室のゲストハウスが誕生した（写真2-14）。納屋に三室、土蔵に一室ある。土蔵は一階をリビング、二階を寝室として上下一体で利用するスイートルームに改装されている。ゲストハウスとガイドセンターは路地と中庭でつながり、宿泊客は歩いてガイドセンターに行き、朝食のサービス

写真2-13　樋田邸の新築母屋と庭（オープンガーデン）、奥はゲストハウスに改装された納屋

を受ける。いわゆるＢ＆Ｂ方式（宿泊と朝食のみ）である。夕食も出す旅館ホテル形式にすると、厨房設備費や人件費が大きくふくらむ。夕食はまちで楽しんでもらったほうがいいし、部屋を一歩出ればまちだというほうが小布施に滞在している実感が湧く、というわけである。

ガイドセンターもゲストハウスも利用者が多く、経営状態は良好である。海外から直接、電話やファックスで予約が入る。まちづくりを進めようとする自治体はどこも、運動の精神的中心となり経済的自立を果たしているア・ラ・小布施のような施設を持ちたいのか、この施設を目指した視察団も少なくない。視察団からの質問に多いのがガイドセンターとゲストハウスの経営に関するものなので、詳しく説明しておこう。

一九九四年に、三三人と二団体が出資者となり一株五万円の三三〇株、すなわち一六五〇万円を資本金として株式会社ア・ラ・小布施がオープンした。そのうち町の出資は一〇〇万円である。現在は出資者が五五人と四団体にふえ、一株五

写真2-14　大日通りから見たゲストハウス、手前に旧納屋、奥に旧土蔵

万円の五六〇株、すなわち二八〇〇万円を資本金としている。

利益配当をせず、「まちの発展をもって出資の見返りとする」という考え方は、設立当初から変わっていない。スタッフの数は当初五名であったが、現在は一四名になっている。一名の正社員が現在は二名にふえた。すべて民間人で、町行政からの人件費の助成も受けていない。B&Bの宿泊事業に対しては、地元企業十数社が宿泊クーポン券を購入して運営に協力している。

ア・ラ・小布施の業務内容には、観光案内・宿泊・軽食喫茶・レンタサイクルのほかに地元農産物の販売促進が含まれている。イベントの企画、視察団体に対する有料のまちづくりレクチャーなども、重要な業務になる。毎日、多岐にわたる仕事をこなすのが、取締役企画部長の肩書きをもつ関悦子だ。彼女は、推されて町議会議員にも就いた。ア・ラ・小布施の二階セミナー室で毎日一回は開かれるレクチャーの講師を務めるのも、彼女の仕事。

関は「出あいの場であって、何かと何かを出あわせ、組みあわせること」がア・ラ・小布施の活動方針だという。出あいや関係を広げ、掘り下げることが、まちづくりの根本だというのである。

これは宮本忠長の「一つひとつの建築のことは所有者も設計者も考える。だが大切なのは、建築と建築との間《ま》、すなわち関係をつくることなのです。この関係を考えるようになれば、建築が変わるし、都市が変わります」という考えと通底している。

現代人は無意識のうちに自分の殻にとじこもって内部だけから世界を見、世界にかかわろうとする。修景事業はそういう趨勢に抵抗して、互いに異なる建築と建築、人と人を出あわせ組みあわせる仕事だった、と宮本は考えている。このような小布施まちづくりの基本理念がア・ラ・小布施に受け継がれて、観光・農・商工の新たな出あいと組みあわせへと発展しようとしている。

11　協力基準としての景観条例

町並み修景事業の成功によって、修景の手法は、大日通りをこえて隣の街区におよび、新しい樋田邸とゲストハウスが同じ手法によって誕生した。修景事業の影響は、それだけではない。まちづくりに対する行政と町民の意識を目覚めさせ、いくつもの新しい動きを生み出していった。

二〇〇四年に国の景観法が公布されて、小布施町でも景観形成重点地区を指定して同地区での景観形成基準を定め、届出・勧告・公表を基本に建築行為を規制誘導する景観条例へと移行した。具体的には、〇五年に「小布施町うるおいのある美しいまちづくり条例」の全面改正、〇六年二月一日に景観行政団体に移行、三月一七日に小布施町景観計画の告示、そして四月一日には「小布施町うるおいのある美しいまちづくり条例」「同施行規則」「小布施町景観計画」の施行、という手順がふまれた。

しかし、町が景観形成重点地区に指定したのは、条例によって長野県が地域活性化のために開発基準を緩和して新たな住宅建設などを認めた市街化調整区域の八地区であって、かなり限定されたエリアである。

しかも、景観計画の対象区域を小布施町全域と定めているから、改正前の「うるおいのある美しいまちづくり条例」の精神は維持されてまち全体に生きている。国や県の動きとの法律上の整合性を図ることが目的であって、小布施町の景観行政にほとんど変化は生じていないと考えてよいだろう。

小布施町では先行すること二〇年、修景事業の成功をうけて一九八六年に「環境デザイン協力基準（骨子）」を定めて、独自の景観行政をスタートさせていた。

協力して守ってほしい基準という意味での「協力基準」だから、守らなくても罰則はないが、町民はそれを共有すべきガイドラインと受け止めて、自発的にそれに従ってきた。

建築や景観は、星の数ほど多い要素で成り立ち、そのすべての形態・色彩・素材などを法律で規定することは不可能だから、完全無欠の景観法はもともと存在し得ず、抜け道を探そうと考えれば簡単に見つかる。というよりも、厳しかろうが緩かろうが、そもそも法律で縛ることによって、果たして、美しく心地よい景観が生れるのかという根本的な問いがある。心地よさは自然ににじみ出るものであって、法律で強制して生み出し得るものではない。景観づくりに必要なのは、住民が自発的に求め、共有しようと望むガイドラインのようなもの。小布施町でいう「協力基準」は、そのような性格のものだった。

二〇年におよぶ歩みを簡単に振り返ると、一九八六年に、ごく簡単な内容の「協力基準（骨子）」が誕生する。いくつかの箇条書きからなる骨子であった。翌年には、建設省（現国土交通省）の指定を受けて「小布施町地域住宅計画（ＨＯＰＥ計画）」が策定され、集落ごとの特性を活かした住宅づくりと景観整備のための課題と方法が明文化された。略して「ＨＯＰＥ計画」とよばれる同報告書は、八八年三月に刊行された。

報告書は何度読んでも新鮮で、すぐれた内容になっている。それまで骨子だけだった環境デザイン協力基準が、多面的に検討され肉づけされている。総論として小布施の住まいの風土的特性を述べるところからスタートして、集落ごとの敷地規模・配置、形態・材料、町並みの歴史的特性をあつかう各論に進む。

一六集落ごとの特性を尊重しながら町の将来計画を立てようとする姿勢で貫かれており、同報告書は、小布施まちづくりのバイブル的存在と評せるだろう。

HOPE計画で策定された「環境デザイン協力基準」にもとづいて、九〇年に町独自の「小布施町うるおいのある美しいまちづくり条例」が制定された。かつての協力基準(骨子)よりは格段に詳細な内容になっているが、住民が自発的に取り組むという基本精神に変化はない。

強制ではないので条例の効力を高めるには、優れた成果を顕彰したり、良いものは経済的に助成したり、あるいは相談を受けつけるなど、行政から住民に対する様々な支援策が必要だった。

そこで「小布施景観賞」や助成制度、「住まいづくり相談室」の開設などが条例に盛りこまれた。九二年には第一回小布施景観賞の表彰(建築三件、生垣・緑化二件)、景観づくりのガイドラインを冊子にまとめた「住まいづくりマニュアル」「広告物設置マニュアル」の刊行、そして九七年の「あかりづくりマニュアル」刊行とつづく。どれも冊子の表紙に「景観づくりの指針」と書かれている。よい景観をつくるためにできるだけ守ってほしい指針、という意味が込められている。

ただし、マニュアル作成、景観賞審査、住まいづくり相談のいずれにも専門的な知識や技術、なによりも審美眼が求められる。この対策として、景観行政の全般について町長の諮問機関となる「まちづくりデザイン委員会」が設置されて、その委員長に宮本が就いた。

宮本は、建築設計にたずさわる者にとって「まちづくり」が大きな課題であることを強調したうえで、その「まちづくり」に取り組む心構えを、次のように語っている。

「まちづくりには長い時間がかかり、一〇年、二〇年ぐらいのスタンスで考えなくてはならないし、建築家側もそれに取り組む姿勢がなければいけません。

もう一つは、地域との関係です。（まちづくりは）どこまでが仕事でどこまでが仕事でないか分からない、そういったルールの世界に融け込むわけですから、自覚がないとできません。

犠牲になるところはたくさんあるが、一つの使命感をもち、環境デザインとはこういうものだという自覚をもって取り組まねばなりません。ただ表面的につくり上げて、まちづくりができた、というものではありません」。

12. 自信と誇りの「私の庭にようこそ」運動

町民が自発的に「景観づくり」を実践し、それに対して専門家が助言を与える。行政は交流・議論する場を用意し、景観づくりの優れた業績を顕彰し助成をおこなう。市村良三現町長の言葉を借りれば、このように「小さなまちがなし得る最善の体制」を整えて、二〇〇五年一月に彼がバトンを受け取るまで、四期、一六年に及ぶ唐沢彦三町長の景観行政が続いた。

あくまでも中心になるのは住民の自発性。行政はあの手この手を使ってそれをサポートする。一方でハード面では、民間の建築活動のあいだを埋める公共施設を建設し、道路・駐車場などの公共空間を整備する。

栗の木レンガを使った歩道整備が修景地区の外にも広がっていったことは、すでに述べた。栗の木レンガによる歩道整備は一種の修景でもある。何の変哲もない黒色アスファルト舗装を、自然で風化しやすいが「小布施らしさ」という特別な意味をもった舗装に置き換える。歩道の修景が刺激となって、沿道の家屋についても住民が自発的に条例にあわせて、屋根の形態・色彩・葺き材、壁の色彩・素材、緑化、広告・看板のデザインなどを決めるようになった。いくつかは小布施景観賞を受賞するほどにデザイン水準の高いものだ（写真2-15）。

街灯、街路樹、小広場、案内板、ベンチ、花壇のデザインなども、「ＨＯＰＥ計画」に謳われていた「歴史を生かし、新たな小布施の文化をめざして、住む人のやさしさが伝わるまちづくり」の主旨にそって整備されてきたことがよく分かる。これらの計画書やマニュアルに描かれたイラストそっくりにデザインされている場所もある。

残念なことに、一九九〇年代初めから今日まで行政によって進められてきた歩道・小広場・バス停留所・駐輪場を改めて見直すと、ただ古い形態をまね

写真2-15　小布施景観賞の例、街角にふさわしく存在感ある土蔵造りを活かし、閉鎖的になりすぎず適度に開放された店舗デザイン

ただけの、どこの市町村にもあるような形骸化したデザインも少なくない。これらについては再度、修景の手を加える必要があろう。修景とは一度で終わるのではなく、全体の調子を見ながら少しずつ何度も手を加える行為だからだ。

町長に就任した唐沢が掲げた景観行政のもう一本の柱に「花のまちづくり」があった。一九九〇年の「小布施町うるおいのある美しいまちづくり条例」の「環境デザイン協力基準」にも、「花のある美しいふるさとの景観を育てるための事項」(第三項)が掲げられていた。

花いっぱい運動自体は、八〇年に結成された「町を美しくする事業推進協議会」の活動にまでさかのぼることができるが、花づくりをまちづくりと結びつける動きが出てくるのは八〇年代末になってからだった。八九年には「小布施花の会」が設立されて、ただ花を植えるのではなくて、景観を整える手段として町内の歩道に花壇を整備する事業がスタートした。

まちづくりという広い脈絡を意識するようになったところが、新しい意識の芽生えだろう。同会の主催による「小布施町フラワーコンクール」「おぶせ花まつり」も開催されて、花のまちづくり運動の輪が一気に広がった。

九二年には広さ一・五ヘクタールの「フローラルガーデンおぶせ」が開園する。ここは回遊式の大花壇や観賞温室をそなえた観光施設であると同時に、土づくりから花壇のデザインや花の育て方までの専門知識が得られる施設であって、花づくりに取り組む人々が町外からも集まってくる。

九七年には、さらに専門的な育苗施設「おぶせフラワーセンター」がオープンした。育苗温室をそなえ、生産する農家への花苗の提供と技術指導、市場への出荷、町内の花壇に植える花の展示販売などをおこなって、小布施を花づくりの一大拠点とする勢いである。

花づくりの奥深さが分かり、楽しさもましてくる。道端・公園の花壇、一般住宅の庭にまで、花づくりが住民の日常生活に浸透していった。専門家の指導に加えて自分たちでも工夫するようになって本格的な花づくりに進み、住民のあいだに自信と誇りも育ってきた。

二〇〇〇年五月には、オープンガーデン運動もはじまった。オープンガーデン運動に参加している家では、入り口に「私の庭にようこそ（Welcome to My Garden）」という小さな案内板が掲げられて、観光客も自由に庭園内を歩いて観賞することができる（写真

2-16、2-17）。参加者は毎年ふえて、参加戸数が〇八年夏には一〇〇を超えている。

オープンガーデンのほかにも「ガーデニング大楽校」「自治会花壇」「沿道花壇」「ポケットパーク整備」など住民による花づくり運動はますます盛んになり、〇六年には運動の組織化を図る「花のまち推進町民会議」も誕生した。

写真2-16　オープンガーデンの庭に入って縁側の前を歩く観光客

写真2-17　小案内板「私の庭にようこそ」

13．予期せぬシーンに出あえる迷宮

オープンガーデンの存在は、町を歩く来訪者の動線を格段に複雑にする。表通りを歩くだけの旅行とくらべて、一つの庭に入って内部を散策するだけで、動線は何度も折れ曲がって複雑化する。訪れる庭の数がふえれば、小布施に滞在中の足跡は、ますます複

雑な図形を描くであろう。足跡の複雑化にともなって、体験がふえ、記憶が豊かになってゆく（図2-9）。

もう一つ重要なのは、とくに修景地区とその北の地区では、オープンガーデンが街区

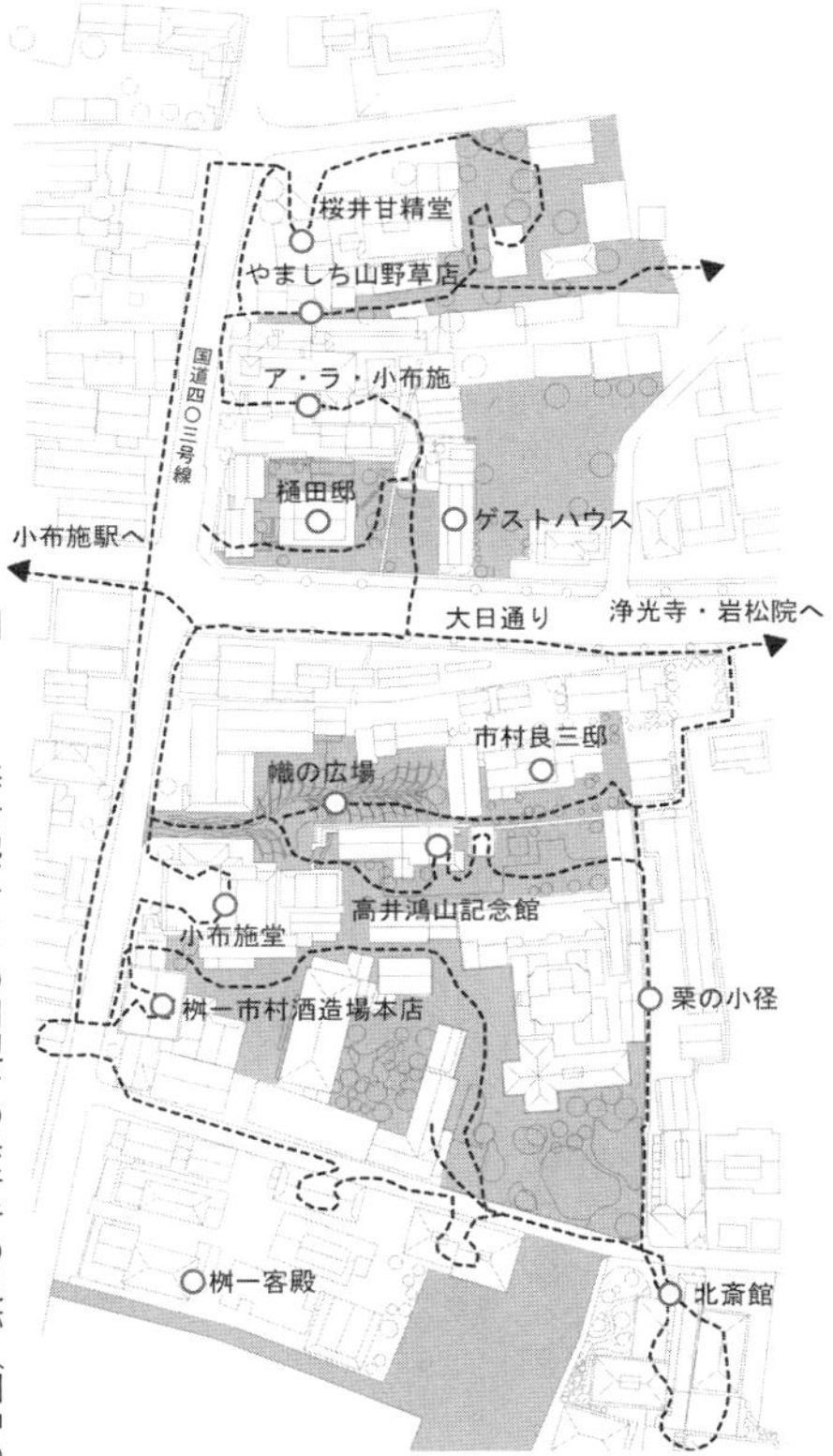

図2-9　修景地区とその周辺での歩行者の足跡（図中の点線）

の表と裏をつなぐパサージュ（通り抜け）の役割を担っていることだ。これまで何度も言及した市村良三邸は、この効果を発揮する代表的存在である。北斎館から「栗の小径」を歩き、途中で高井鴻山記念館（有料）に入り表の国道に出てもよいが、「栗の小径」を突き当たりまで歩いて左に曲がると、このお宅の庭に入る。古くからの樹木と石組みを残す庭を見学しながら通り抜けると、そこは「皦の広場」。この動線は当然のことながら地図にはないから、まったく予期せぬシーンの展開を体験することになる。

国道を北に進んで中町南交差点をわたると、樋田家の通り門がある。通り門からオープンガーデンとなっている樋田家の庭を抜けると、その先はゲストハウスの前庭。

写真2-19　やましち山野草店の路地

写真2-18　ア・ラ・小布施の中庭

ここから路地・中庭と歩いて（写真2-18）、ア・ラ・小布施の店内に入り、通り抜けると再び国道の歩道に出る。思いがけないシーンの展開にたとえ方向感覚を失っても、特徴のある栗の木レンガの舗装が国道の歩道だということを教えてくれる。

ア・ラ・小布施前から国道をさらに北に歩くと、やましち山野草店がある（写真2-19）。注意しないと通り過ぎてしまうほど狭い間口だ。典型的なウナギの寝床、つまり奥行きの深い短冊状の敷地で、昔の町家の通り庭のような路地を奥へと歩きながら、多種多様な山野草を観賞できる。

山野草店の路地は奥で、隣の桜井甘精堂の本格的な和風庭園につながっている。和風庭園の奥には、社長のプライベート・コレクションを公開する「栗の木美術館」もある。静かだ。奥でつながる性格の異なる庭園を堪能して、桜井甘精堂の庭を出ると、再び国道。地図もなく、手探りで進むような感覚で、さまざまな内部世界を体験しては表通りにもどる。人の歩く動線が複雑に屈曲して、蜘蛛《くも》の巣か玉葱《たまねぎ》の断面のようになる。

ショーウィンドーを眺めながら表通りを歩くだけでは、まちの印象が平板になってしまう。内側まで体験することで、出あいの数が圧倒的にふえ、まちの印象が豊かになるのである。

14. 「間」まで設計された個性豊かなまち

これまで何度も修景地区について語り、五者会議の組織、そこで二年間におよぶ徹底した議論、私有地の公共利用への提供、敷地境界の変更、既存の家屋・樹木・石組みの活用などについて述べてきたが、その都市空間としての特質を少し詳しく見ておきたい。

修景地区は、世界的に見ても二〇世紀の建築・都市デザインの特筆すべき成果である。この一画が誰によって、どのようなプロセスでつくられたかを知らなくても、国内外の心ある建築家・都市デザイナーは皆、修景地区の都市空間としての出来栄えを高く評価する。修景地区はそれほどの価値を有して芸術的質をそなえた一つの作品だともいえる。

修景地区という呼称でよばれるのは、南の北斎館から北の大日通りまで、そして東の「栗の小径」周辺から西の国道までの一街区であって、それは「笹の広場」「栗の小径」「幟の広場」のほかに国道四〇三号線の「歩道空間」や「オープンガーデン」といった、小さいが個性豊かな空間の連鎖によって構成されている。

観光客は北斎館・高井鴻山記念館に立ち寄りながら、広場・路地・（表通りの）歩道・オープンガーデンなどの種類の異なる空間を歩いて、それらを「内側から」体験する。

修景地区の都市空間はいずれも、修景の特性として周囲の建築によって巧みに閉じられた空間になっており、人々はその内側に入って、内側から空間を体験するのである。この空間体験は、ヨーロッパの歴史都市での体験に似ている。

空間は、空気の塊すなわちヴォリュームであって、壁という明確な境界によって形づくられる。ヨーロッパでは、実際にこの空間観にしたがって建築や都市がつくられている。ところが日本の都市の場合は、輪郭に沿って建築が連続して建つようになっていないので大小の隙間が無数にあって、街路や広場などの外部空間に明確な境界がないのが一般的である。

芦原義信の『街並みの美学』（岩波現代文庫、二〇〇一）によれば、ヨーロッパでは都市そのものが城壁という明確な境界で囲まれ、城壁内部の全体が一軒の家のように捉えられる。そのうえで、内部が壁で分節されてゆく。街路や広場も、建築内部の廊下や中庭などと同じように、地面から外壁の土台部分まで一体的に石で舗装されて、ひとまとまりの空間だということが強調される（同書三五頁）。

日本の都市の例外的な存在として小布施の修景地区では、周囲に並ぶ建築同士あるいは建築と隙間との関係などが徹底的に調整されて、路地や広場がひとまとまりの（外部）

空間になっている。

しかも空間的であるだけではなくて、周囲の屋根高、軒高、壁や舗装の材質などが、その（外部）空間の内側に立つ人間に対して抑圧的にならないように調整されている。地瓦《じがわら》、土壁、栗の木レンガなどの自然素材が多用された（外部）空間は、内部にいる者を優しく包み込む。

残念ながら日本のまちもむらも、ほぼ例外なく、雑然と建築が並び「おもちゃ箱をひっくり返したような」景観になっている。小布施の修景地区のように、性格のはっきりした都市空間が存在するのは珍しい。宮本はその原因を次のように説明する。

「建築の設計は、これまで配慮が一方だけに偏り不公平だったように感じます。建物と建物の間の隙間を、誰も設計しない。私どもは〈つなぎ〉と言っていますが、建築家が苦労するところは、この〈つなぎ〉の部分です。私と私がぶつかり合って誰も調整できない。そういうところをつなぐのが私たちの役割です。そういう意識をもってやらないと、いい路地は生まれないし、いい関係はできませんね。

ところが建築家は、建築については一生懸命にやりますが、あいだは空白のままなのです（笑）。そこが、今までのまちづくりで失敗している点ではないでしょうか」。

しかし、隈研吾や内藤廣などの第一線で活躍する建築家たちも口をそろえて指摘するように、敷地境界をこえて建築と建築のあいだまで設計する仕事が建築家に依頼されることは、日本では皆無に近い。小布施の修景地区は、例外中の例外なのだ。地権者たちの集まりである五者会議で議論して、望ましい都市空間を創出するために交換・貸借によって敷地境界を動かした。ここまで実行できたからこそ、五者会議の結成が小布施まちづくりの歴史でも特筆すべき出来事だといわれるのである。

狭いエリアなのに「栗の小径」「幟の広場」「歩道空間」と連続的に空間体験することによって、印象が深化する（図２-10）。観光バスを降りて急ぎ足で歩きまわる観光客ですら、「もう一度ゆっくり歩いてみたい」という感想を残して帰ってゆく。個人や小さなグループでまち歩きをしている観光客にはリピーターが多い。修景地区はよい小説、よい映画と

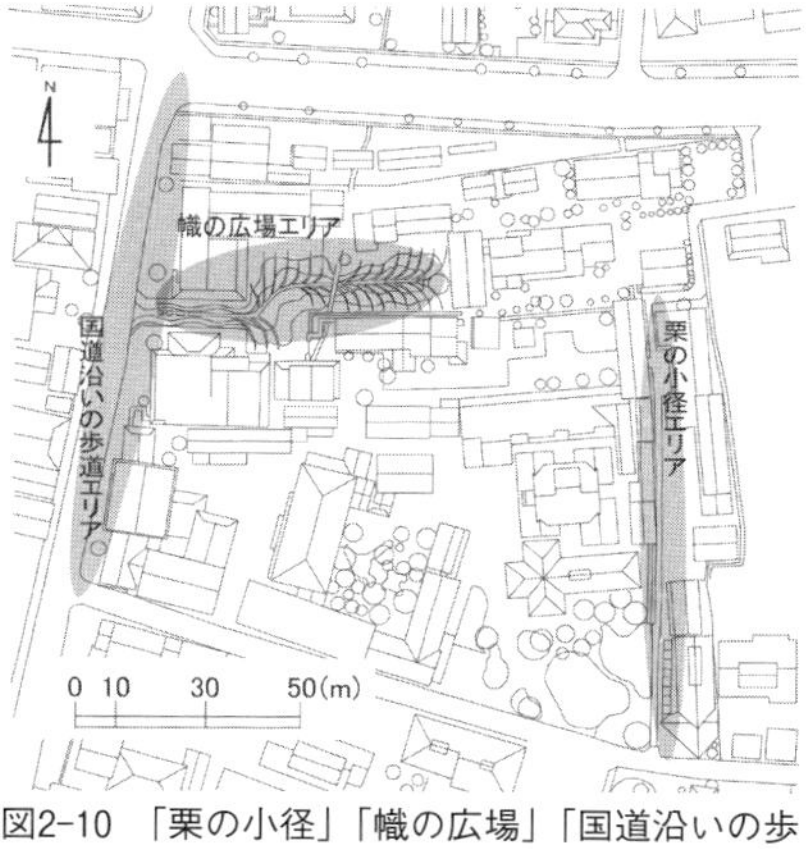

図2-10　「栗の小径」「幟の広場」「国道沿いの歩道」という、まとまった三つの都市空間

同じように、シーンが展開しつつ全体として人の心をつかむ作品になっている。

15. 分けないで多様なものが混在するまちづくり

修景地区では、住宅・店舗・レストラン・信金・美術館・記念館・工場・倉庫などの多種多様な機能・形態・素材・年代の建築が自然なかたちで混在する。この混在ぶりは、住居・労働・レクリエーション・交通という四つのゾーンに分けて、そのゾーン毎に住宅のみとか工場のみといった同一機能の建築を計画配置する、近代都市計画の「ゾーニング」とは異なっている。

結果として、修景地区では工場の職人、レストランの料理人、事務員、店の売り子、学芸員、駐車場の誘導係、配達人といったいろいろな人々と出あうことができる。決して広くないのに、都市のもつ多様さとおもしろさを感じさせる。

住宅ばかりのエリア、工場ばかりのエリア、オフィスばかりのエリアといったエリア間を毎日、満員電車にゆられて行き来するというのが、一般的な近代都市の姿であった。五者会議での議論を調べると、小布施の町組が一般的な近代都市に変わってしまう可能性もあったようだ。

実際に、近代化の方向を目指す選択肢が何度も話題になっている。

だが最終的には、彼らは修景を採用して、分けないで多様なものが混在するまちづくりを目指した。ほかのまちとは逆の方向に進んだのである。

「職も住も」「商も芸術文化も」と、どの部分を取り出しても常に人間の多様な活動が混在する状態が、意図的に創出された。安易に近代化を追うのであれば、町組に混在させないで周囲の農村に分散配置させていたはずだ。たとえば、当時の市村郁夫町長がいなければ、北斎館を建設したにしても、その敷地は町組を離れて、駐車場のつくり易い農村部が選ばれた可能性が大きい。小布施堂の栗菓子工場（傘風舎）も、市村次夫社長の「混在の魅力」に対する強い思いがなければ、敷地が広くて車で搬出入しやすい農村部に移されていただろう。

小さなまちだから農村部といっても数百メートルも出ればよいのであって、大きな差異はないように思われよう。さかのぼれば、北斎館の敷地は水田（苗床）であり、「栗の小径」も畑の畦道だった。ベースとなるのは農村風景。

だからこそ、まちづくりの観点から構想すれば、核となるエリアに多様な要素を高密度に混在させる必要があった。徹底的に集中させて、むらと対比をなすまちをつくらねば、だらだらと無性格な景観が広がるばかりである。

個々の利便性を考えれば、実際にはそう距離のない農村部に進出したほうが好都合だったかもしれない。だが、それでは今日の修景地区は誕生していなかったし、小布施の今日の名声もなかった。

真田家も市村良三家も昔ながらの敷地に住みつづけている。この両家も、五者会議の話題になったように、鉄筋コンクリート造のテナントビルに建て替わる可能性があった。それは、場所は同じでも、歴史文化も家並みも自ら破壊した状態で住むことを意味する。また、交通量の激化する国道に母屋が面したままでは、現在の静かな生活環境は望むべくもなかっただろう。信金も、そうだ。あの時に駐車場問題が解決しなければ、ほかの場所に移転したに違いない。

都市の魅力は、根茎のようにコンパクトに多様なものが絡みあった状態から出てくる。バーナード・ルドフスキーも『人間のための街路』（平良敬一・岡野一宇訳、鹿島研究所出版会、一九七三）に、街路が絡みあって迷路のようになったイタリア小都市の魅力を描いている。そこでは、多様な機能が混在して内外の区別も曖昧で、住民は内外の区別なく入念に手入れする。

「この町は、ちょうど一つの建築の全体だ。スラムもなければ貧民街もない。バロック様式の邸宅や大邸宅、教会や修道院などが、質素だが品のある小さな家々の間にむらなく散らばっている。（中略）親密な長話しのときには街路に椅子が持ち出される。（車道がないから）歩道の必要はまったくない。古い、しかも壊れそうにないしっかりとした板石のペイヴメントが、家々の玄関や内廊下にまで入り込んでいる。そして、染《し》みひとつないほど清潔に保たれている」（同書二三八～九頁）。

多様な機能が混在して内外の区別なく清潔に保たれた状態は、小布施の修景地区に近い。

16．新奇なものへの抵抗と新しい観光

小布施のまちづくりは、高度経済成長を契機とした近代化・工業化・都市化がもたらす新奇なものに飛びつく風潮への抵抗からはじまった。先祖から受け継いで生活の中で磨き上げられたものの価値を再発見して、将来にわたって大切に使いつづけようという運動だった。

たとえば、一九八〇年代、九〇年代の同じ時期に、次々に大規模施設の建設と経営に

手を出して、結局、膨大な累積赤字で財政破綻した北海道夕張市などとは対照的だ。小布施のまちづくりは、あくまでも生活の内部に萌芽を見出して、それを徐々に育ててゆく方法である。

少しずつ変わるので、観光客は訪れるたびに新たな発見を楽しむことができる。他方、小布施の住民もまた、自分たちが丹精して育てた有形無形のものを愛《め》でて喜ぶ観光客の顔を見る楽しさを、生活の中に定着させていった。

オープンガーデン運動はその最もよい例だろう。この運動は多額の公的資金を必要とする、いわゆる公共事業とは完全に一線を画したものだ。事業拡大に公的資金の投入がないという「自立した継続可能なまちづくり」の理想的な運動形態である。

花づくり・庭づくりに対する住民一人ひとりの自発性、すなわち自分たちの生活を豊かにして楽しみ、それを多くの人々と共有したいという願望が、運動のエンジンでありエネルギーになっている。

オープンガーデン運動の拡大にあたって克服すべきハードルがあるとすれば、それはオーナーの意識にひそむ「内」と「外」の境界線だろう。伝統的な日本家屋が開放的で、その室内と庭との境界が曖昧で両者がほぼ完全に一体化していることは、しばしば指摘される。

日本人の場合、敷地境界が「内」と「外」との境界であって、塀がそれを視覚化している。塀の内側では庭も住宅内部の延長であって全体が「内」であり、塀の外側にこの「内」と無関係な「外」が広がる。

小布施のオープンガーデン運動が、必要ならば低い生垣にするが、できるだけ塀も垣根も取りのぞこうとするのも、自分たちの内部に根強くある「内」と「外」の意識を克服しようとするからだろう。

小布施のオープンガーデン運動は、このような日本人特有の「内」と「外」の意識に対するチャレンジでもある。だが運動といっても、それは決して声高に参加をよびかけるものではなく、むしろ共感が共感をよんで徐々に参加者がふえている。あくまでも住民の自発的な参加なのである。

当然、家の縁側の前を、見知らぬ観光客が歩く。しかし、オープンガーデン運動に参加する人々は、それが日常生活に支障をきたさないことを承知のうえで参加しているので、気にかける様子もない。

住宅内部はだいたい庭に面して縁側が広がり、その奥には整然と片付けられた座敷と次の間が並び、縁側とのあいだの明り障子によって開け閉めを調整する。伝統的な日本家屋の間取りが多い。住宅の規模が大きくて、このような間取りであることが、庭の開放を容易にしているのだろう。

ときには家人と観光客が縁側に腰をかけて、庭木や草花を観賞している。家人が草花の名を教えて手入れの楽しさや工夫を話すと、観光客もまた自らの庭づくりについて語り出す。家族で観賞するだけではなく、大勢の人々を喜ばせて幸福にもする。新しい観光のあり方と人の出あいが生まれている。

第3章　世代を超えて、どうつなぐか

1．信頼関係の成熟が「内」を「外」に変える

修景事業以来、小布施では「外はみんなのもの、内は自分たちのもの」という合言葉が使われてきた。景観を構成する建築外観を共有財産と捉えて「外」はみんなのものと考えましょう、でも「内」は自分たちのものですよ、と呼びかける。この呼びかけには、景観への配慮をうながしつつ、住み手が自由にできる「内」があることを明確に伝えようという意図がある。

まちづくり運動で大切なのは、住民が納得して自発的に取り組み、しかも継続することだ。運動が一代で終わらず、子や孫の代まで継続することが望ましい。特に、まとまりのある風景をつくるという方向性をもった運動の継続には、規制・誘導だけではなく自由がなければならない。だから、「内」は自分たちのものですよ、という。

だが、「内」と「外」の関係はいつも同じではない。「内」と「外」の問題に長いあいだ取り組んできた成果でもあろうか。オープンガーデンの例に見られるように、その「内」であった部分が「外」へと変化して、「内」と「外」との境界自体が小布施町民の意識内で移動している。

たとえば、小布施町内を歩いていると、観光客がオープンガーデンの家人に、「他人が自分の家の庭に入りこみ縁側の前を歩いて、生活上困ることはありませんか」と大真面目に問いかけている場面にしばしば出あう。

問いかけた観光客は、庭を住空間の延長と見なして「内」と捉え、庭に踏みこむ他人を迷惑な存在と考えている。

それに対してオープンガーデンの家人のほうは、自分の庭も「外」すなわち「みんなのもの」と受け止めて、訪問者と積極的に交流しようとしている。

よく観察すると、家人たちは、庭を開放しているあいだは縁側のガラス戸や明り障子を開け放ち、座敷をも「外」と捉えて、「外」からの視線に対応できる生活スタイルをとっている。明り障子を閉めて縁側までを「外」、座敷は「内」、とすることも可能だ。「内」と「外」との関係は、固定されたものではなく変化する。人間同士の信頼関係が成熟するにつれて「内」が「外」に変わる傾向を、小布施のオープンガーデン運動は目に見えるかたちで示している。

小布施には「よろずぶしん」という住民総出のボランティア活動もある。住民が自治会ごとに集まって、用水路・道路・花壇などを整備したり清掃したりする。これは、みんなのものである「外」を協力してよくする運動である。

「外はみんなのもの、内は自分たちのもの」という呼びかけを通して、みんなのものである「外」を充実させようという意識が小布施のまちづくりを支えてきたことは、確かである。

しかし、「内」と「外」の境界一つをとっても、それは固定されていない。実態は流動的だ。だから、呼びかける際には、「内」と「外」の実態も両者の関係も変化していると考えたほうがよい。実態を捉えない単なる呼びかけは、現実と嚙みあわず、空念仏で終わってしまう。

2．世代交代でゆらぐ、まちづくりのイメージ

北斎館建設、町並み修景事業、景観行政、そしてまちづくり運動。小布施町での一連

の試みが、ほかの市町村に与えた影響は計り知れない。同町で生み出された景観行政の仕組みの子や孫にあたるものが、日本各地で活躍している。

では、小布施町内でのまちづくりや景観行政の基盤は磐石かと問えば、決してそうではない。「外はみんなのもの、内は自分たちのもの」にいう「外」と「内」に関するイメージがゆらぎはじめていることは、とくに注意を要する。

「内」の問題は次節に委ねて、「外」を見てみると、小布施町民が一般的に思い描く「外」のイメージは、明らかに修景事業から来ている。計画のプロセスとしても、出来上がった家並みのイメージとしても、多くの住民が思い浮かべるのは修景である。

町並み修景事業の成功によって、それまでは昼間でも人影がまばらだった町内に大勢の観光客が押し寄せ、毎年のように「まちづくり賞」「デザイン賞」「生活文化賞」と全国的な賞を受賞するようになった。確かにあの時に、小布施町民は修景の有効性を確信し、町の将来像として受け入れたのだった。

そして、二〇年がすぎた。たった二〇年で、まちづくりのイメージがゆらぐのは、おかしいと思われよう。ここで思い出してほしいのは、町並み修景事業を実際に体験して修景の本質に触れたのは、五者会議のメンバーのような一部の町民だったことである。

圧倒的多数の町民は、巻き起こるまちづくり運動に参加しても、修景のイメージをつくった当事者ではなく、賛同してイメージを受け入れた側に属している。

しかも二〇年という歳月がすぎて、商家でも農家でも経営や土地家屋の管理をめぐる決定権が、修景事業世代の父親から次世代の息子へ、あるいは母親から娘・嫁へと移りつつある。三〇代後半から五〇代までの新世代へのバトンタッチである。

小布施町の特徴ともいえようが、まちづくり運動を実質的に担うのは、それぞれの家庭で最も権限を有する働き盛りの世代であって、彼らが「産業をどうするか」「教育をどうするか」「福祉をどうするか」といったまちの将来に直結する問題に精力的に取り組む。これもまた、小布施のまちづくりが生活づくりだといわれる理由の一つだろう。結果として、まちづくりの新しい担い手たちに、修景事業の核となる部分を解きほぐして本質を正確に伝えることが、二重三重の意味で最重要課題になってきている。

家業を担うようになった若い世代はまちづくり精神も受け継いで、毎年ボランティアで膨大な時間とエネルギーを傾注してイベントを企画し実行する。

現在、役場に登録されている町内の住民グループは二〇二もあって、まちづくりに関係するものだけでも六〇ほどになる。グループごとに、千曲川河川敷に菜の花や桜を植える、独自に町内の景観の変遷を調査研究する、休耕田・荒廃農地が出れば花や野菜を植えて修景する、小布施ブランドの開発に向けて野菜づくりに励む、民泊・農業体験によって町外の人々を受け入れる、といった活動をつづけている。

ところが、商工会青年部に属する若い世代によれば、無意識のうちにイベント至上主義におちいり、年中行事のようにイベントをくりかえしながら、「疲れている」。「子供たちにこのまちに住む喜びと、このまちを愛する心を伝えたい」と願ってイベントに参加するものの、疲れは否めない。

観光客の動きを見ると、周辺の農村部で催されるイベントへの参加者数が徐々にふえていても、修景事業のおこなわれた町組への一極集中は誰の目にも明らかである。周辺の農村部でも大勢の人々を集めて成功するイベントもあるが、残念ながらお祭り的な催しで終わっている。

「年に一度か二度のお祭り騒ぎは、集落内のコミュニケーションを円滑にするだけでも十分につづける意味がある」という声のほかに、「溢れんばかりでなくとも、ある程度の賑わいでいいから、それが（イベントのときだけではなく）日常的に自分たちの地区にもほしい」といった本音も農村部から聞こえてくる。

周辺部でまちづくりに取り組む若手と話をすると、「修景地区ほど完成されていなくとも、もっとカジュアルで気軽に利用できる場所をつくりたい」といった意見がしばしば出てくる。逆の見方をすれば、美的センスを要する高度な専門的仕事という修景のイメージが定着することで、まちづくりに熱心な彼らを、より取り組みやすいイベントによる簡易な場所づくりへと向かわせているのである。

修景はイベントではなく、具体的に現実の建築や都市空間を改善する行為である。雑然とした景観を、まとまりのあるものへと整える。たとえば町並み修景の場合、まず町並みを構成する古建築のどれかを残す。その場所に残せない場合には、曳き家して移動させて残すのでもよい。単に建築の表層だけを残すのでも復原するのでもない。

次に、残した古建築を基調にして、改築・新築する周囲の家屋のデザインを決めてゆく。宮本の言葉を借りれば「一幅の絵を描くときに、こちらに色を置くと、あちらにも同じ色を少し置くように」、核となる古建築の要素を少しずつ周囲にも使う。それによって建築同士に呼応関係を与え、まとまりのある景観をつくりだす。だから、いつの時代の、どのような古建築を基調に選ぶかによって、その町並みの素材・形態・色彩・雰囲気などが決まってくる。

基調に選ぶ建築は、エリアによって変わってよい。決められた時代の、決められた種類の建築が必ず基調になる、というようなルールは存在しない。

たとえば小布施駅前には駅前食堂があって、一帯にモダニズムの到来を感じさせる看板建築が並んでいる。とくに近代という時代には、地方都市にとって駅前は、遠い大都市からモダンな流行が最初に漂着する場所だった。その種の駅前風景が、小布施にも残っている。駅前に限れば、モダンな看板建築を基調にした修景も可能だろう。

逆に、モダンな看板を取りのぞいて、ここを江戸時代の茶屋や商人宿の家並みのように修景するのは、歴史の捏造《ねつぞう》になりかねない。必要があれば敷地形状を変更し、市村良三家や真田家がそうであったように、母屋や付属屋の配置を変えてもよい。

修景は文化財の復原修理とは違う。もっと柔軟に捉えて、歴史文化の香りのある生きとした風景の創出をこそ目指すべきだろう。

むずかしく思われようが、このような修景のイメージづくりは、時間をかければ誰でもできる。私たちの研究所は、学生と住民がともに手法を習得して、修景のイメージを自分たちでつくる場となりたい。

実際、住民のみなさんが望めば、研究所はイメージづくりの技術を習得する手助けもしている。イメージを図面や模型で表現する作業は学生にまかせて、学生が用意する図面・模型を見ながら、住民同士や住民と行政で議論する方法もある。学生にとっては、一般の人々にも理解できるように表現する態度や方法を学ぶ絶好の機会となる。このような機会は、大学に閉じこもっていては得られないだろう。

研究所では、二〇〇八年に入ってすぐに、町内に住む三〇代後半から五〇代までの世代に声をかけて、「まちづくり研究会」を立ち上げた。次代を担う一五人ほどの町の若き「実力者」たちが月に一回、研究所に集まってまちづくりの今後を話し合い、できるところから実行に移そうというものだ。

この場でも彼らは異口同音に、「助成金などがいっさい受けられなくても、これまで同様に自分たちの手で、歴史文化を実感できる住環境の整備を進めたい」という。回を重ねても、「住民中心の自発的なまちづくりを継続したい」「それには可能なかぎり協力したい」といった発言が、誰ともなく出てくる。

すでに一家の大黒柱となっている彼らが、青年のように目を輝かせて「まちづくりの今後」を語る姿は、私や同席する学生を勇気づけ、何かをともに成し遂げたいという気持ちにさせる。

造り酒屋の土蔵（写真3－1）やかつての養蚕農家の蚕室などには、集落の要《かなめ》に位置して、新たなまちづくりの拠点となる可能性を秘めたものがある。それらを題材に議論をかさねている最中だ。

研究会のメンバーの多くは、先述の商工会青年部あるいは文化観光協会に属して、現実の修景よりも、やはりイベントや広報に力をそそいできた。彼らは実行といっても、どうやらイベントの実行を想定しているようで、その傾向は研究会の議論でもなお消えない。

しかし、近年になって彼らの内部でも、生活環境を具体的に改善するまちづくりへの欲求が強まっているようだ。彼らのうちの一人が、次のように事情を説明してくれた。

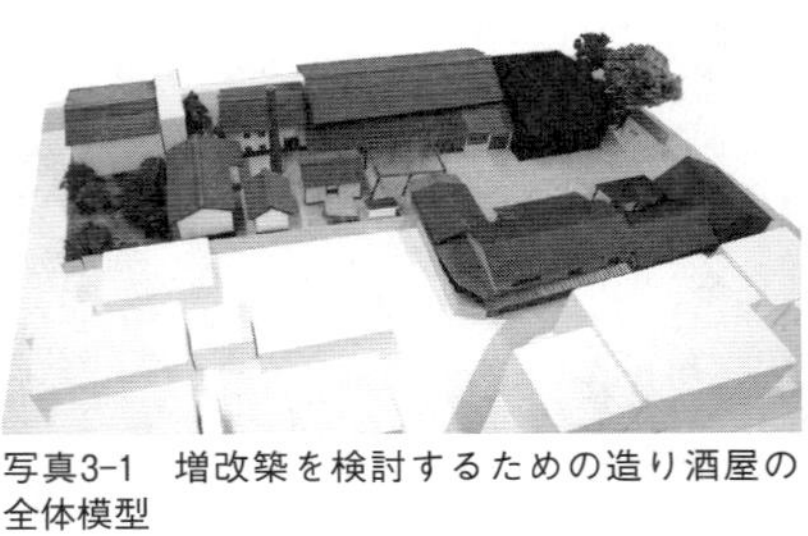

写真3-1　増改築を検討するための造り酒屋の全体模型

「これまでは、具体的な生活環境づくりは父親世代の仕事であり、それを自由な発想でイベントとして盛り上げるのが、息子である自分たちの仕事だと考えてきた。だが、世代交代して自分たちが父親世代の役割を担うようになった今、イベント至上主義から脱却しなければならない。だから、研究所で学生さんたちがつくる模型やスケッチを見ながら、具体的に生活環境の改善について議論できるのが楽しい」。

これを聞いて、私は改めて、いまこそ彼らがまちづくりに具体的に取り組む学習の場となるように、研究所の門戸をさらに開かなければならないと思った。

３．古い商店街が空洞化するメカニズム

他方で、「内は自分たちのもの」という「内」の扱いに関しても、実態をとらえた一層きめ細かな対応が求められている。「内」は住民が自由につくればいいわけだが、自分たちで思うように問題が解決できるならば、小布施も含めて日本中の商店街に見られる、住みにくさゆえの空洞化現象は発生しなかったはずだ。

若い世代が郊外に出てしまい、老人世代のみが残り、高齢化が進んで空き家もふえている。それは「内」に問題があるからだ。

「内」を健全な生活環境に整備する方法についても、住民の努力を研究所がサポートすべきではないか。「内は自分たちのもの」という呼びかけのもとに、内部の工夫は各家庭にゆだねられてきたが、結局、未解決のまま残されている。

どこの都市でも、昼間からシャッターを閉めた店舗が並ぶ「シャッターロード」とよばれる商店街があらわれている。大学の研究室として、山形県や千葉県などでその種の商店街を調査している。そのような商店街では、通行人も足早に通り過ぎるだけだ。

表の店舗で商売が成り立たないばかりか、奥の住宅も暗く風通しが悪くて住みにくいので、若い世代の多くは郊外に住む。老夫婦か老人の独り住まいで、無人の場合も多い。空き家になれば、やがて壊されて、駐車場などに変わってゆく。

このような居住環境の悪化のほとんどは、高度経済成長以降、各家庭が経済的に豊かになって店舗や住宅をさかんに増改築したことに起因している。それは、「内は自分たちのもの」を実践してきた結果にほかならない。

さかんな増改築がなぜ住環境の悪化を招いたのか。そのメカニズムはこうだ。

現在住んでいる老人世代が子供だった頃はまだ、表の店と裏の住居が開放的につながっていた。土間が表の店から住居、さらに奥にある庭までつづいて、風も人も通り抜けていた。

土間の上は天井が張られず高く吹き抜けて、高窓からの自然光が屋内にふりそそぐ。部屋が並ぶ場合には、部屋と部屋のあいだに小さな坪庭がとられることもあった。

そのために内部はどこも適度に明るく風通しもよくて、部屋から坪庭の自然をながめて楽しむこともできた。これが、どこでも見られた伝統的な町家の姿である。

ところが、地方によってわずかに年代のズレがあるが、小布施の場合は一九六〇年頃から自動車がふえはじめて、道路沿いの用水路を暗渠化し樹木を切り倒して、路面の舗装工事が進んだ。

街路樹は歩行者に日陰を与えるために道路の中央寄りに植えられていたが、それも切り倒されて、自動車がわがもの顔に走る道路に変わっていった。

こうなると店舗空間は開け放つことができず、大きな看板のようなものを店の前面に取り付けて、表通りに対して閉じるようになった。店のイメージは、新たに設けたショーウィンドーを通して外に伝えられた。各商店が、一見モダンな看板建築と化した。変化は、外観にとどまらなかった。店舗と住居の内側の変化をたどってみよう。

店内も、ガラスのショーケースを並べてモダンに改装された。かつては店舗とその奥にある住居とのあいだは、明り障子やガラス戸などの可動式の間仕切りで、家人が奥にいても来客に対応しやすいようになっていた（写真３－２）。

だが、この種の間仕切りは、モダンに改装される表の店舗空間とあわず、奥での家族生活のプライバシーを守ろうとする意識の高まりもあって、店舗と奥の住居が壁で仕切られるようになった。そのうえで、店舗内では壁と天井の全体をモダンにデザインすることが流行した。

近代化の波は、奥の住居部分にもおよんだ。土間に流しや竈《かまど》を置く程度だった台所が、土間を板張りにして壁で囲った部屋に改装されて、「キッチン」となった。モダンな「キッチン」が、テレビや雑誌で見るデザインをまねて実現されていった。「リビング」「子供部屋」「バスルーム（浴室）」「トイレ」とつづき、これらの部屋をつくるために坪庭や裏庭がつぶされた。

写真3-2　繊細な格子とガラス面を組み込んだ明り障子、居間に座って店番ができる（千葉県香取市佐原）

壁で囲まれた小部屋で住居が構成されて（「小部屋化」）、風通しも採光も悪くなり、息苦しく住みにくい住環境となった。昼間から暗く、湿っぽく、かび臭い。若い世代は同居をこばみ、明るい郊外住宅に出ていった。

明り障子や襖で軽く仕切られた開放的な室内環境は消えて、壁で囲まれた箱と化した部屋を並べ、それぞれに流行のモダン・スタイルで内装をほどこす。これが、高度経済成長以降、日本中で進められた「近代化」「都市化」の実態である。

どの店舗・住宅でも高度経済成長以降ほぼ同じプロセスで増改築が進み、その結果生じた住みにくさが、人々から生きる活力をうばっている。

小布施の場合、市村良三邸、真田邸、樋田邸などでは、近代化・都市化が家族の生活環境にもたらした深刻な「内」の問題が、修景事業のなかで解決された。宮本は、どの住宅でも、「内」で発生した問題を解いて快適な生活を可能にしている。小布施景観賞を受賞した店舗や住宅でも、「外」だけではなく「内」の問題も解決されている。

しかし、これらは少数派であって、圧倒的に多数の店舗・住宅で、これまで述べてきた「内」の問題が手付かずの状態で残されている。自分たちのものである「内」に、どう健全な生活環境を回復させるか。

研究所はすでに住宅・店舗の現状調査を進めてきたが、明らかになったのは、「内」の問題が解けないと修景も進まないということだった。

なおそうという動きも出ている。

4. カギを握るのは「中間領域」の設計

担い手の世代交代に直面して、「外」と「内」のイメージがゆらいでいる。世代交代によってバトンを受け取った人々のあいだには、「内」と「外」の関係をもう一度捉えなおそうという動きも出ている。

イメージにゆらぎが生じるのは、建築設計の本質から考えれば、むしろ好ましいことだ。第1節でも触れたように、「外」と「内」のあいだに固定された境界線はなく、境界は流動的である。その流動的な状態をうまく掬《すく》い上げて建築化するのが、設計の本来の姿である。そのほうが「外」と「内」が分離せず緊密につながった状態になる。もともと小布施の修景では、「外」と「内」を分けるよりも、つなぐ設計が大切だった。

たとえば、町並み修景としばしば混同される町並み保存の場合、よく観察すれば分かるように、歴史的な姿に復原された「外」と現代生活が営まれる「内」との関係が適切に設計されていない。歴史的な「外」と現代的な「内」が分離したままで並存して、両者のあいだに有機的な関係が生れていない。昔風の展示空間や土産物屋の奥や脇に、つながりもなく、かなり混乱した状態で現代生活の場がある。

ここでいう「外」には、路上から眺められる外観のほかに、見学者に公開された家屋内部も含まれる。いずれの場合も、個人あるいは家族の生活の外部となっていれば「外」である。

このような「外」が前面にならぶ家並みは、生活のにおいもなく、映画のセットと変わらない。そこが魅力的な生活の場となるには、「外」と「内」のつなぎの部分が適切に設計されなければならない。

建築の世界でよくいわれるように、両者をつなぐ空間を、「外」であると同時に「内」でもある「中間領域」（写真3－3）として捉える必要もあろう。

「内」から滲み出た生活は、車に邪魔されなければ、自然に表の道空間に広がる。道空間に、近所の大人たちが立ち話をする姿や子供たちがにぎやかに遊ぶ姿を見ることができる。

しかし、「内」と断絶して「外」だけが際立つ映画村のようになっては、真の出あいはない。映画村では、ある時代の復原セットでの擬似体験はできて

写真3－3　広い軒下空間、シャッター一枚ではなく幾層もの壁や格子戸などで構成された店舗入り口（小布施堂本店）

も、土地に根差した生活に出あうことがないからだ。

小布施の修景事業では、最初から設計によって「外」と「内」を適切に関係づけることに力点が置かれた。たとえば、私も何度か訪ねている市村良三邸の場合、庭をオープンガーデンに開放しても住宅内での家族生活にまったく支障がない。書斎・居間・ダイニングまで人の出入りが多く千客万来の状態がつづいても、さらに奥があって、必要な家族のプライバシーは守られている。

市村夫人は和菓子づくりでは玄人《くろうと》はだしだったが、最近、表の納戸空間を改装して和菓子喫茶店をはじめた。オープンガーデンの家庭で徐々に出はじめている「縁側喫茶」が本格化したものだ。

もともと市村邸の「外」と「内」をつなぐ空間は縁側と広い収納で構成されており、その一部は転用可能だった。宮本が設計する住宅はどこでも、玄関や台所にたっぷりと収納空間が用意されている。この構成が、和菓子喫茶店への改装に結びついた（写真3－4）。

修景事業では「外はみんなのもの、内は自分たちのもの」と呼びかけて、「外」と「内」の存在を意識させた。しかし、両者を一体的につなぐことが、さらに重要だったということである。宮本だけではなく施主の市村次夫や良三も、この点を強調する。「外」と「内」とを関係づけ、その中間領域を設計すること。宮本も市村たちも、この設計の有無が、修景が重伝建地区での復原修理と決定的に異なる点だという。重伝建地区の周辺で、厳密な復原修理ではなく、現代生活と融合させながら歴史的町並みへとゆるやかに整備してゆく事業（これらの事業は小布施と同じように「修景」とよばれることがある）が行われる場合もある。

この場合でも、積極的に「外」と「内」とをつなぐ設計がなされない状況に変わりはない。つなぐ設計のないところでは、歴史的外観と内部の現代生活とがうまく噛みあわず、結局、住民が不自然な生活を強いられている。

修景事業を進めるに際して、妻籠にも何度か足を運んだ。だが、同じく歴史文化を大切にして生活環境を整備するにしても、妻籠とは違って、「外」と「内」との中間領域を入念に設計しよう。これが、市村たちと宮本の到達した結論だったというのである。

写真3-4　和菓子喫茶店の「内」から大きな窓を通して「外」を見る

「外」と「内」をつなぐ部分を壁一枚、建具一枚ではなく、広がりを有する中間領域と捉える。中間領域を行き来する人や物の動き、採光や通風、そして眺めのほかに、つなぐ空間そのもののスケール、プロポーション、質感などについても検討をかさねて、図面や模型で確認しながら最適解を探ってゆくのである（写真3－5）。

これは、通常の設計の授業や演習に使われるもので、最近ではパソコンの画面上でも操作でき、大学では当たり前の方法になっている。

実際の修景を検討する場合も、こうした方法を使えば前もって三次元的に結果を把握できて、壊してしまった後で、あるいは建ててしまった後で、「しまった！」と後悔することが少なくなる。

研究所でも、単体の建築の内外だけではなく家並みや街路樹を含む道空間全体を、学生たちが模型やコンピューターの画像を使って視覚化し、住民のみなさんがそれを見な

写真3－5　研究所の学生が設計制作した住宅模型群、条件が同じでも多様な「内」「外」の関係が実現可能であることを示す

がら議論できる態勢を整えている。手間はかかるし操作技術の習得も必要だが、まちづくりを具体的かつ視覚的に議論できる時代になってきた。まちづくり研究会のメンバーがすでに、学生といっしょに模型を囲んで、何が可能かを議論しはじめている。

5．七四五本の小道を活かす〜里道《さとみち》プロジェクト

小布施の修景事業では、「内」と「外」を分けること以上に両者を有機的につなぐことが重視された。「内」と「外」が有機的につながった建築が道に並び、その道が車に占拠されず生き生きとした日常生活の場になっている。そのような道で構成されるまちは、全体が血液循環のよい組織となって、健康で活気もある。

ここにいう道は、人が歩いたり車が走ったりする路面（平面）のことではなく、有機的につながる沿道の建築やその奥の庭を包含する三次元空間のことであって、道空間とよばれる。現代都市デザインに、このような道空間に着目して「道空間によって都市をつくる」という考え方がある。

さまざまな道空間の組み合わせで都市をつくる。黒川紀章はこの思想に立つ代表的な

建築家であって、その特色は『道の建築〜中間領域へ』（丸善、一九八三）や『都市デザインの思想と手法』（彰国社、一九九六）などによく示されている。

彼の指摘によれば、近代化によって「看板」や「壁」で沿道の建築と分断されるまでの道は、建築内部から生活機能があふれ出て、建築内部と変わらない生活の場だった。小布施の旧街道筋も、かつては家並みの前に桜・梅・松が植わり、石灯籠や用水路などもあった。ずいぶんと風情のある道だった。道ゆく者も花見を楽しみ、木々の下で涼んだ。水路を流れる水の音が心地よい。五感で楽しめる「道空間」「道の建築」とよぶにふさわしい場だった。

自動車が振動・騒音・埃をまき散らしながら走る近代化された道路になって、人間の多様な行為との結びつきが切れたのである。

「道空間」「道の建築」という魅力的な思想を展開させたのは黒川だが、第二次大戦後にいち早く、都市をつくる構造《システム》としての「街路（street）」に着目したのは、「チーム10」のメンバーであるイギリスのスミッソン夫妻（アリソン一九二八〜九三、ピーター一九二三〜二〇〇三）やフランスの建築家グループであるキャンディリス＝ウッズ＝ジョシックだった。

第二次大戦後の新しい社会にふさわしい建築と都市のあり方を模索しはじめる一九五〇年代初頭にすでに、スミッソン夫妻は、四〇〜五〇戸の住宅が両側に高い密度で並ぶ昔ながらの街路空間が、通行だけではなく種々の社会的行為がなされる安定した地域生活の場になっていることに着目していた。

道を挟んで向きあう五戸ずつ、合計一〇戸が単位となる。わが国でいう「向こう三軒両隣」のようなものだ。

近代化が進み、このような路地にまで車が入り込んで路上駐車の場と化すまでは、街路もまた、暖かいレンガ壁、腰掛にも使われる数段の外階段、家ごとに工夫された形や色の玄関扉、住宅内部の生活が見え隠れする窓などが両側に並ぶヒューマンな生活空間だったのである（図3-1）。

キャンディリス＝ウッズ＝ジョシックたちのトゥールーズ・ル・ミラーイユ計画でも、中心を占めるのは車道ではなく歩道であった。しかも彼らは、都市の幹あるいは背骨となるこれらの歩道を「ステム（幹）」と呼び、上下水・電気・ガス、さら

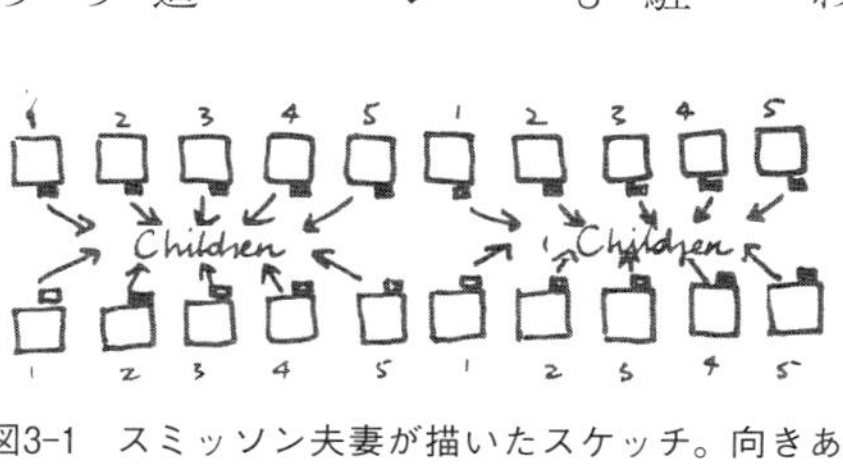

図3-1　スミッソン夫妻が描いたスケッチ。向きあう五軒に囲まれた街路が、遊ぶ子供たちにふさわしいスケールであることを示す

には商業・文化・教育・娯楽の各施設をそこに組み込んだ。その案の断面図（図3-2）が示すように立体的であって、きわめて空間的で建築的でもある道となっている。

このような道の思想を取り入れて独自の展開を試みた黒川は、孤立した施設を点々と建てても都市にはならないと批判した。人や物や情報が相互に流れず外ともつながらない孤立した施設（「閉じた系」）をいくら建設しても、都市にならない。

逆に「道空間」「道の建築」を優先的に整備することによって、「開いた系」としての都市をつくるべきだ、と主張したのである。単なる交通路としての道路ではなく、沿道の住宅・店舗・オフィスなどを組みこんで建築的に構成された、それ自体が生活空間でもある「道空間」で都市をつくってゆく。

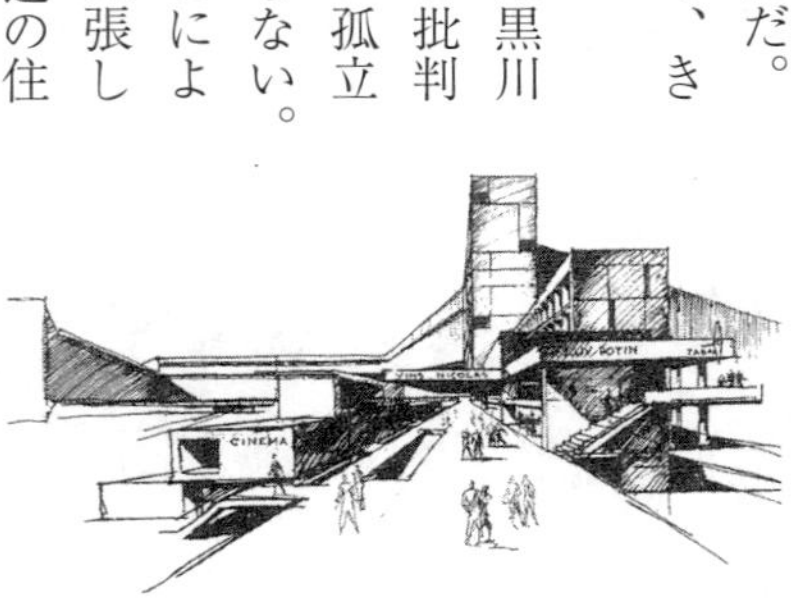

図3-2 「ステム」は施設・設備などが建築的に組み込まれた道空間

この「道空間」「道の建築」の思想は、晩年の彼がカザフスタンや中国などで取り組んだ人口が数十万、あるいは一〇〇万をこえる大規模都市の計画でも基礎をなしていた。

研究所が小布施町の行政とともに進める施策でも、公共施設を建設するだけの時代は終わったという認識からスタートしている。利用率が低い公共施設を「いかに活用するか」、特に「いかに維持運営費を削減して活用するか」が大きな行政課題となっている。社会のニーズを読んで、思い切った転用も検討すべきだろう。一方で、こういう時代だからこそ、「道空間」「道の建築」から都市づくりにアプローチすべきだという黒川の主張が、改めて注目されるのである。

ここで研究所が着目するのが、現状が「道空間」「道の建築」になっているような畦道や路地などの小道である。

国道から市町村道まで、道路という道路が近代化事業によってアスファルトやコンクリートで固められて、沿道の自然や建築と切り離されてしまった。そういう変化をたどらず、近代化前の状態、すなわち沿道の自然や建築との一体性を保持している道が望ましい。それらは、今後活用するにも公的資金の新規投入をほとんど必要としない道でもある。

ふさわしい道があった。「里道《りどう》」とか「赤線《あかせん》」とよばれる道である。

一般に里道とよばれる道の起源は、一八七六年の太政官達六〇号までさかのぼる。国づくりに関して明治という時代が描いたビジョンの明快さに感心するが、そこでは、道が単純に国道・県道・里道の三種類に分けられている。広域ネットワークを構成する国道と県道、それに対して地域生活に密着した道はすべて里道、と分類されている。

そして、一九一九年公布の旧道路法で、その里道のうち郡道・市道・町村道のどれにも認定されず、いわゆる認定外道路にとどまったものが、私たちが「里道」とよぶ道である。山道・畦道・裏路地のように、その使用も管理も地域にゆだねて、行政が管理する道路と認定する必要のないような小道。これらは、国の所有下に置かれたままで公図に赤線で示されて、「赤線」とか「赤道《あかみち》」ともよばれてきた。

二〇〇〇年施行の地方分権一括法により、赤線（里道）のうち道機能を有しているものが、国から市町村に無償譲渡されることになった。実際、国有とはいえ地域住民が手入れして維持に努めてきた小道である。自治体によって多少の時間のズレがあるが、小布施町の場合は二〇〇〇年から〇四年にかけて調査が進み、町全域で七四五本の赤線の存在が確認されている。

周辺の町道といっしょに舗装されているのは、全体の二パーセント弱。残りはすべて、コンクリートで路肩を固められることもアスファルトで路面舗装されることもなく、草花が生い茂る土の道だ。

地域の人々によって維持管理される道という赤線の性格は、今後も変わらないだろう。柔らかい土や草を踏んで歩く。自然の草花、小川や用水路のせせらぎ、遠くまで開けた眺望が、視覚・嗅覚・聴覚を心地よく刺激する。足の裏で感じながら、ときには手で草や木々をかき分けて進む身体的な道である。

ぶどうやりんごなどの果樹園が広がるところでは果樹のトンネルをくぐり抜け、市街地の路地裏では軒下を歩き、用水路にかかる石橋をわたってゆく。「赤線」「里道」とよばれる道が立体的で空間的でもあり、三次元的な構成を有する建築、まさに道の建築であることが実感できるだろう（写真3-6）。

研究所では二〇〇六年から、里道を親しみやすい「さとみち」と読みかえて、「里道プロジェクト」をスタートさせた。里道を指定して、できるだけ車道に出ないで、ときにはオープンガーデンを経由しながら、一つのエリアを回遊するルートを策定しようというのである。翌年には里道第一号として雁田地区に「馬場《ばば》先中通《さきなかどおり》」が開通した。

写真3-6　里道の例

費用のかかる車道や歩道の拡幅整備といった土木工事はいっさい要さない。そこが通行可能な里道だということを示す道標を立てるだけである。障害物は取り除くが、できるだけ自然な姿を残して、歩く人々にそれを楽しんでもらう。

むしろ絶対に欠いてはならない条件は、それ自体の自然度や歩いたときの心地良さ、あるいは沿道の水路・果樹園・田畑・家・眺望などの美しさが道空間、道の建築として存在していることである。小布施にはこの種の里道がここかしこに残っている。

沿道の家が休憩用の木製ベンチを置き、お茶でもてなし、果樹園や畑での収穫物を売ってもよい。田畑や家並みの奥にある里道から眺める風景は、表通りで眺めるものとは全然違う。観光客のみならず地元住民も、オープンガーデンだけで体験するよりも数倍スケールの大きい「わがまち小布施との新鮮な出あい」を体験することになろう。

6. 自然を回復する公共事業に～森の駐車場

「幟の広場」建設の際に、歴史文化を感じさせる家並みの奥にあって、駐車場であると同時に風情のある小広場となるように工夫がかさねられたことは、「修景」のところで詳しく述べた（第2章第4、6節参照）。

残念なことに、アスファルト舗装、白線の駐車区画、機械式の料金ゲートなどを備えた、一見して駐車場と分かるものが小布施町内にもあらわれている。家並みも自然も渾然一体となった心地よい空間の流れが、この種の駐車場で途切れてしまう。

二〇〇六年の秋、町長から研究所に対して、修景地区の東に位置して大日通りに面する敷地に、「まちづくりの手本となるような」駐車場を計画してほしいとの要請があった。研究所で基本構想を立て、基本設計をおこない、監修者として建設工事を完成まで見届ける仕事である。

一つは、観光シーズンになると修景地区内外の道路が、北斎館隣の駐車場に入りきれない車で混雑するのを緩和すること。もう一つは、大日通り沿いに住宅や普通の駐車場がふえるのを抑えて、逆に緑をふやす方策を練ること。これらが、町長からの依頼の骨子である。

できれば研究所が進めている「道空間の見直し」を、駐車場や広場などの面的広がりのある都市空間にまで拡大してほしい、と町長は言葉をついだ。

単なる道路、単なる広場、単なる駐車場をこえて、多様な人間生活が展開する都市空間をつくるきっかけとする。たとえ小さな事業であっても、いつもAではなく、Aでも

BでもCでもあるような多様な使い方ができる都市空間をつくる。活気があって魅力的な都市空間とはそうしたものだが、町長が市村次夫とともに両輪となって牽引した修景事業の「幟の広場」は、その最もよい例である。あのような駐車場を再び構想してほしいということのようだ。

しかし「森の駐車場」の敷地はそう広くない。周囲には畑が広がり、曳き家や改築によって魅力的な都市空間をつくる素材となる古い土蔵や納屋はない。「栗の小径」や「幟の広場」のように、新旧の家屋を組みあわせて魅力的な都市空間を生み出すという修景手法が、ここでは使えない。

写真3-7　「森の駐車場」模型、左上に管理棟（情報交流棟）

それならば「森」をテーマにしよう。建築の密度に代えて、多様な樹木や地形がもたらす密度を目指そう。修景地区は、近代化・都市化によって失われようとしていた歴史文化を守った。ここでも、激減する緑を回復させ、同時に歴史文化を感じさせる深みのある「森」をつくり出そう。最大限の多様性と密度を目指すには、「林」よりも「森」

のイメージのほうがよいのではないか。では、「森」と「林」はどう違うのか。町長も加わって、研究所内で議論が重ねられた（写真3-7）。

「森」では、同じような木々が間隔を守って明るい様相で並ぶのではなく、同質ではない木が、ときには互いに成長を競いながら密度をもって生えている。それに対して「林」は、たとえ雑木林でも人為的に手入れされコントロールされた状態で存在している。「森」は人為的な計画性を超えてゆくような姿をもち、樹木の力、自然の力、あるいは大地の力を感じさせる。どこまで実現できるかは分からないが、小布施の景観づくりでは、形だけの緑ではなく、自然の力の回復を目指そうということになった。

車は、二〜四台ずつ樹木の間に止める。管理のしやすさを優先させて広いスペースに車を整然と並べるだけの一般的な駐車場とは、対極に立つものである。修景事業では多様な空間の連鎖が試みられたが、ここでも、いくつか「空間のまとまり」をつくり、数珠《じゅず》状につないで駐車場全体を構成する。いくつかに分割することで、ある部分は駐車場に使っても、ある部分は別の用途（たとえばイベント、青空市場など）に利用できる。

基本構想がある程度まとまった段階で、町民説明会を開催した。出席者の質問が集中したのは、この時点では構想に含まれていた「観光バス五台の駐車スペースの確保」だった。そもそも観光バスは方向転換に広い面積を要して森を圧迫し、しかも、カラフルで巨大な図体《ずうたい》が森にそぐわない。五台程度では、入りきれない観光バスが大日通りで駐車待ちして、近隣の住宅地に新たな渋滞・騒音問題をもたらす恐れがある。少し東に、すでに観光バス用のスペースも備えた広い町営の松村駐車場があるのだから、ここは言葉通りの「森」の実現を目指すべきだ、といった意見である。

これらの意見には勇気づけられた。隣接する人家や畑、あるいは通学にも使われる歩道に関して、樹木の繁茂で日照や見通しが悪くならないように配慮してほしい、などの前向きで建設的な意見がつづいた。

さっそく再検討の作業。観光バスについては専用の駐車スペースを設けず、北斎館隣の駐車場が満杯の場合は東にある松村駐車場に回すこと、ただし、松村駐車場とまちの中心部との中間に位置するこの「森の駐車場」が中継点となるように管理棟と公衆トイレの内容を見直すこと、などを決定した。

管理棟を単なる管理人の常駐スペースではなく「情報交流棟」と位置づけて、東の駐車場でバスを降りて大日通りを北斎館方面に歩く観光客にも休憩の場と情報を提供し、広く明るくて清潔な公衆トイレを用意すること、というように設計条件を変更していった。町行政からは、情報交流棟でレンタサイクルのサービスをしたいという要望も出された。

森をつくり、通常の管理棟以上の質をもった情報交流棟を建てるには、普通の駐車場建設を前提に立てられた予算配分を見直さねばならない。路面舗装や縁石《えんせき》・法面《のりめん》工事だけでも旧来のコンクリートを多用する土木的手法はコスト高になる。そこで、自然の土・石・木を利用した造園的手法を積極的に採用することを基本方針とした。

森を目指し造園的手法を採用するには、もう一つ理由があった。これまで何度も述べたように、小布施の集落群は松川扇状地の上にあって、地形全体が北西方向にかなりの勾配で下っている。

そのために年に何度かアスファルト舗装された国道や駐車場を集中豪雨の雨水が濁流となって流下し、低地の民家の庭先をおそうという災害が発生している。もともと砂礫質の土だから、昔は雨水が地中に自然浸透していた。

ところが、地面をアスファルトで舗装して縁をコンクリートで固めたことが、地中に浸透できない雨水の巨大な流路をつくってしまったのである。

とにかく現在の土木事業は、見えない地盤工事にも大量のコンクリートを使う。その結果、精度の高いコンクリートやアスファルトの面をつくればつくるほど、自然浸透できなくなって、集中豪雨の際に地表での濁流の発生頻度が高まるという悪循環におちいっている。

だから、造園的手法によって自然の盛り土の面積をふやし、必要な縁にのみ自然石を並べて土の流出を止め、盛り土には多くの樹木を植えよう。そして、コンクリートやアスファルト（を使う土木工事）はできるだけ減らそう。そう考えたのである（写真3-8）。

写真3-8　駐車エリアを盛り土で分割し、必要な先端部のみに自然縁石を配する

写真3-9　雨水浸透帯（ゾーン）

見かけだけの森ではなくて、本当に必要なのは、雨水を吸い込み草木を育てる大地の力である。大地に力があれば森が育ち、この土地の生活者にも訪問者にも有形無形の好ましい影響をおよぼすであろう。

最近はアスファルトも多様になっているので、色は自然土に近く、雨水を浸透させるものを選んだ。透水性の高いアスファルト舗装は、水道栓をひねって水をざあざあ流しても即座に透水させる。

しかし、どのような透水性アスファルトであっても何年か経てば透水力が低下するので、駐車スペースの車輪止めの後ろはアスファルトで舗装せず砕石を敷くだけにして、雨水が自然に浸透する「雨水浸透帯（ゾーン）」を設けた（写真3-9）。

森の樹間に車を止める。これが「森の駐車場」の基本コンセプトである。樹木の生えた盛り土によって、駐車エリアを二～四台分の広さに分割する。この分割によって雨水はあちこちで堰き止められ、地中に浸透する。広いアスファルト面を雨水が一気に流下する現象は抑えられるはずである。自然土や石や雨水をあつかう技術は、町内の造園家から提供を受けた。

一四メートルほどの高木が四本、ここぞという位置に植えられている。メタセコイアが二本、ケヤキが二本である。これらの高木の周囲に植える中木や低木には、高木との相性がある。それに注意して、樹高や枝ぶりを見ながら相互にできるだけ接近させて植える。森の密度を出すには木々を接近させて植える必要があるが、中木・低木ばかりを植えて自然な成長にまかせては、成長の早い強い木のみが残って、望ましい森の姿にならない。

神社境内などのケヤキ群を見れば分かるように、樹種を選んで注意深く低木を植えないとケヤキの下には何も育たず空き地になる。だから、まず高木四本を植え、それらとの関係で低木を植えて、現時点で森の姿をある程度定めておく必要があった。

そのために、茨城県と群馬県の現地に足を運んで実物を見て高木を選んだ。運ぶには枝打ちして木のヴォリュームを小さくしたいはずだが、造園家でもある売主に「木の姿を、できるだけ現在の状態に保ってください」とお願いした。

アスファルト舗装、まばらに樹木を植えた分離帯、それに公衆便所と管理人一名が常駐する部屋のある管理棟、といったもので普通の駐車場は構成される。この「普通の駐車場」を前提に町の土木担当者がはじき出した総工費と、私たちが構想した「森の駐車場」の総工費は、結果的にほとんど変わらないものになった。

これが町の単独事業であれば町が思うように進めればよく、何の問題もなかったであろう。しかし、全事業費の五五パーセントが補助対象となる国の「地方道路整備臨時交付金」を受けた事業であったから、町の土木担当者は、既成の技術・手法を組み合わせた「普通の駐車場」であるべきだと主張する。国や県、とくに県に対する説明がむずかしくなるから余計なことはしてくれるな、という思いもあるようだ。

臨時交付金の趣旨から判断して、彼がいうほど全国一律に事業内容をしばるものではないはずなのだ。その確認のために、町長と私は二度にわたって国土交通省を訪ねた。

そこで、町固有の課題を度外視した画一的な駐車場建設が、まちづくりの点でも自然災害を防ぐ点でもいかに有害で、いかに「森の駐車場」が必要とされているかを説いた。これは国におうかがいを立てるのとは違う。小布施町として実現したい事業のイメージや方法をもったうえで、その実現可能性を確認しているのである。

そこで受けた臨時交付金の説明と「森の駐車場」に対するポジティブな評価をもち帰って伝えることで、やっと町の担当者も動き出した。

私は、首長としての強権を発動しないで一担当者の専門的知識にもとづく主張を最後まで尊重する市村町長の姿勢に、実はひそかに敬服していた。もし町長の思いだけで突っ走って役場内の職員の声に耳を傾けなければ、いつの日か町長自身が裸の王様になってしまう。

そういう首長の暴走は、昨今、表沙汰になったものだけでも日本中で相当数になっている。町長が夢を語る横でソロバンをはじいて、「町長、それをやれば、これぐらいの予算オーバーになりますよ」と横槍を入れる役場職員もいたほうがよいのである。

この間、研究所内部での基本構想・基本設計の作業を何倍も上回る時間とエネルギーが費やされた。よい意味でもわるい意味でも、いかに地方行政が新しい試みを受け入れにくい仕組みになっているかを思い知らされたが、「森の駐車場」は、ほぼ研究所が描いた姿で二〇〇八年四月二六日にオープンした。

自然との共生の基礎はできた。これから樹木も下草も育ってくるであろう。宮本忠長の実施設計による情報交流棟・トイレ棟も、明るく開放的で清潔感もあって好評である。町民説明会などを経て管理棟は「情報交流棟」と捉えなおされ、実際にゲートのような空間形態になっている。長旅をして小布施に到着した訪問者が休息し、トイレを使い、身なりを整えてから町内に入ってゆくという「まちへのゲート」として構想されている。あるいは、身支度して小布施から帰途につく「旅立ちのゲート」でもある。

だから、情報交流棟の内部は、家具や物品を並べすぎることなく、表通りから駐車場の森が見通せる開放性を維持して、ゲート空間にふさわしい状態を保ちたい。だが現実は、レジを置き、物品台を並べて、野菜やジュースの類を内部全体に陳列している。

運営形態を工夫して、どう場所の歴史文化を感じさせるところまで高めるか。建設が終わると、そこに誕生した空間の使い方を考えるという新たな課題が研究所を待ち受けていたのである。

7.「らしさ」を調べてデータ化する

「森の駐車場」にかぎらず、新たなテーマを立ててまちづくりを進めようとすると、建築・都市デザインに関するデータを集めなおさねばならない。

まちづくりやむらづくりでは、しばしば地域特性を「何々らしさ」と表現して、その「らしさ」を守るために規制や誘導を強化しようとする。ところが、漠然と直感的に「らしさ」を捉えて議論していることが、あまりにも多いのである。具体的にどういう要素が現存して、特徴的な景観が構成されているのか。確かな裏づけもなく、「らしさ」を議論している。具体的なデータと多様な選択肢もなく突き進むと、しばしば建築形態・素材・色彩などの数少ない選択肢を住民に押しつけることになり、決して好ましい状況といえない。

研究所は二〇〇五年からすでに、古い一六集落について、小布施の景観の特徴を把握する目的でデータベース作成に取り組んできた。

建築に関する項目としては、母屋・土蔵・通り門・納屋・物置・水屋・塀などの配置略図、階数（平屋、厨子《つし》二階、総二階）、屋根形式（切妻、寄棟、入母屋、兜造りなど）、平入り・妻入り、屋根葺き材（茅、茅＋トタン覆い屋根、地瓦、セメント瓦、トタン、三州瓦など）、壁仕上げ（荒壁、砂壁、漆喰壁、大津壁、たまご漆喰壁、板、トタンなど）、真壁《しんかべ》・大壁、その他（出桁《だしげた》造り、虫籠窓、格子など）、そして建築以外の景観要素としては石垣・石碑・道標・石灯籠、用水路、湧水、路地、ヒューマン・スケールを有する神社境内、特徴のある樹木、などに関するデータが収集された。

その結果、まち全体でなんらかの建築的価値を有するものが、付属家屋も含めて約九〇〇〇棟現存することが確認された。屋根や壁に関する主要項目については、小布施の大きな白地図に描きこんで分布マップを作成し、誰でも閲覧できるように研究所内に展示している。

古い民家が残る集落を遠望すると、見えるのは屋根と木々ばかり。近づくにつれて次第に壁が見えてくる。屋根や壁は、景観の特徴を決定づける重要な要素である。

日本国内のみならず世界のどこでも、大規模工場での機械による大量生産品が流通するまでは、地域で入手できる自然材料を使って家屋を建てていた。屋根葺き材には茅・

麦わら・地瓦、壁には土・板が使われた。

たとえば千葉県香取市佐原の場合は伝統的に板壁仕上げで、復原修理する場合も板壁にもどす例が多いが、小布施の伝統的な壁仕上げは、土壁をそのまま見せる形式である。この地域特有ともいえる、黄色みがかった、堅牢で美しい砂壁をつくり得たことが、土壁というものを発達させた理由であろうか。

一般的に民家の建築資材の場合は、トラック輸送が発達するまでは荷車に積んで人力で引くか、せいぜい牛馬に引かせる程度だから運べる距離に限界があった。その土地で手づくりによって製造された地瓦などは、製造にも運搬にも手間がかかるから一枚一枚が大切にされて、何度も使い回された。

大量に生産・輸送される安価で高品質の工場製品が出回るまでは、民家の材料は身近で調達されて、それが景観の地域性を生む決定的な要因となった。

気候・土壌・地理・歴史文化などに根差した地域の個性とか魅力を、どうデータで裏づけながら捉え、さらに育ててゆくか。新たな施策の提案も、この問題意識と切り離してはあり得ない。研究所が、とくに力を入れて調査研究の対象としてきたのが、景観要素としての「土壁」と「屋根葺き材」だ。

8. 土壁～小布施らしさ　その一

小布施町には土壁が多い。しかも、ついカメラのシャッターを押してしまうほどに風情のある美しい土壁が、至る所に残っている（写真3−10）。母屋であろうが付属屋であろうが約九〇〇〇棟のすべてについて調べ上げたところ、土壁仕上げの建築は二三二五棟にのぼった。

小布施では、土壁が一九五〇年代半ばまで幅広く使われている。屋根葺き材は茅であっても地瓦であっても、壁には土壁仕上げが採用された。土壁仕上げを指標にして拾い上げると、伝統的な茅葺きや地瓦葺きの建築がおのずと含まれてくる。土壁が、それほど広範に使われてきたのである。

写真3−10　現存する土壁仕上げの建築

土壁は、柱のあいだに九〇センチほどの間隔で貫《ぬき》を通し、そのあいだに三〇センチほどの間隔で「間渡《まわた》し竹」と呼ばれる丸竹を組み、さらに細かく格子状に割竹か葦を編みこんで、下地《したじ》をつくる。この下地を小舞《こまい》（木舞とも書く）といい、細縄を使って小舞を編むことを「小舞を掻《か》く」ともいう。昔はこの小舞下地の上に荒塗り、中塗り、上塗りと土を塗り重ねていった（写真3－11）。

小布施町の土壁仕上げには荒壁、砂壁、漆喰壁、大津壁、たまご漆喰壁がある。どの仕上げにせよ、小舞下地に使われる竹や葦もそうだが、材料のすべてが身近なところで調達されていた。荒壁の土には、家の敷地内や田畑の土が使われた。材料がすべて身近なところで調達されているので、普通の荒壁であっても「地域色」という点では貴重である。

この土に稲わらを一寸（約三センチ）程度に刻んでスサとして混ぜ、水を加えて手や足で捏《こ》ねて「塗り土」をつくった。スサには使い古された米俵をきざんで利用する場合もあった。すべて自然素材で、どこの農家にもあって購入する必要すらなく、やがて大地にもどってゆくものばかりだった。

小布施地方では砂壁を仕上げとして好んだ。瓦粘土の産地でもあった立ヶ花や草間（ともに中野市）の粘土、千

写真3-11　塗り土が落ちて竹と葦を編んだ小舞下地が見える

曲川や松川の砂、スサ、水を混ぜて「塗り土」をつくる。荒壁よりも格段にきめが細かく硬質な面に仕上がる。町内には、混ぜる松川の砂の色から独特の赤みあるいは黄色みを帯びた砂壁が数多く見られ、この砂壁に「小布施らしさ」を感じる者も少なくない。

漆喰壁は日本全国に共通する白色の上塗り壁であって、それ自体について特に説明すべきことはないが、これと対比をなす黄色の上塗り壁である大津壁、そして小布施でいう「たまご漆喰壁」について説明しておきたい。

一般的な大津壁は色土、消石灰、スサ、水を練りあわせるが、小布施では色土ではなく、立ヶ花や草間の粘土に松川の赤みがかった砂を混ぜて色を出した。漆喰壁と違って、消石灰が少なめで糊《のり》を用いない。スサには、麻袋《あさぶくろ》などを水車の石臼《いしうす》でついて細かくして使った。たまご漆喰壁は同じく黄色い壁だが、左官職人によると「大津壁に似せて、漆喰に顔料を混ぜて着色したもの」である。

土壁の二三二五棟をさらに分類すると、母屋九二一棟、土蔵三四六棟、通り門四九棟、その他の付属屋一〇〇九棟となる。土蔵や通り門などにも、古い土壁が残っていることが分かる。母屋に関して壁仕上げを見ると、昔は荒壁が多かったが、現在は漆喰壁七一パーセント、砂壁一三パーセント、大津壁・たまご漆喰壁九パーセント、荒壁二パーセント、その他五パーセントとなり、荒壁と漆喰壁の割合が逆転している。

最近の漆喰壁は、下塗りと中塗りを省略して、工場生産のラスボードを下地として、そこに漆喰をじかに塗るもので、土壁であっても「地域色」はない。左官職人は「昔から荒壁よりも砂壁、砂壁よりも漆喰壁にしたいという願望はあった」というが、簡便で安価な工法の登場によって漆喰壁の流行に拍車がかかっている。母屋だけではなく土蔵や通り門でも白漆喰壁が増加している。

しかし「その他の付属屋」を調べると、逆に漆喰壁が二八パーセントと少なく、荒壁と砂壁で四八パーセントを占める。「その他の付属屋」とは、同じ付属屋でも通り門や土蔵ほど上等ではない、簡易な造りのクラ（蔵あるいは倉）・納屋・物置などを指す。

修景地区でも、独特の風合いを感じさせるのは、付属屋の荒壁と砂壁である。同様の付属屋が数多く現存するということは、これらを基調として周囲の景観を整えてゆく修景の手法が、周辺農村部でも使い得ることを示唆している。

９．屋根葺き材～小布施らしさ　その二

景観を考える際にもう一つ重要な構成要素となる屋根の、とくに屋根葺き材について

見てゆくことにしよう。

小布施町で現在使われている伝統的な屋根葺き材は茅・麦わら・瓦だが、瓦には、ごくわずかな例外をのぞいて、地瓦、セメント瓦、三州瓦の三種類がある。この三種類の瓦については、小布施で使われた年代もほぼ把握できた。路上観察でも、屋根葺き材の年代がほぼ推定できる。

かつて農村部ではほとんどの家が茅葺きで、昭和初期でも瓦葺きの屋根は二〇軒に一軒程度しかなかった。ただし小布施町では民家の屋根は麦わらで葺かれて、茅は重要な箇所にのみ用いられた。だから「茅葺き屋根」よりも、麦わら葺きを指す「クズ屋根」という呼称のほうが、小布施では一般的だ。

瓦は、明治時代に役所・学校・工場などの建設にともなって急速に地方に普及した。小布施の町組では、遅くとも江戸時代末期から商家建築に瓦が使われていたようだ。明治時代に入ると農村でも、養蚕に適した室内環境をつくるために合理的に工夫された蚕室に、地瓦葺きの屋根が使われるようになった。

地瓦とはそれぞれの土地で生産された瓦のことで、生産方法に「燻《いぶ》し（粘土瓦を焼く工程で燻化して表面に鈍く銀色に輝く炭素膜を形成させること）」が用いられたところから燻し瓦ともよばれる。かつて日本各地にあった地瓦の産地がなくなった現在も、燻し瓦の製法は機械化されて三州瓦（愛知県）などの主要瓦産地に継承されている。

瓦製造に必要な材料は粘土で、日本全国どこの地域でも粘土採取の可能な土地が存在したから、地域ごとに小規模な瓦屋が誕生した。地瓦と呼ばれる所以だ。

小布施で使われる地瓦は、立ヶ花などの瓦屋で製造された。適した粘土が採取されて、なおかつ消費地まで瓦を運搬できれば、瓦産業が成立した。

瓦づくりは粘土の採取から窯焚《かまた》きまで全工程が手仕事であり、乾燥させるにも時間が必要で、とにかく手間がかかった。それだけに瓦一枚をつくるにも精魂をこめ、職人の深い思い入れがあった。

瓦屋根は何度も補修され、寿命が尽きるまで転用されたが、そもそも製造にも運搬にも時間と手間をかけていた。でき上がった瓦は、地域の粘土の質によって独特の風合いをおび、歳月の経ったものにはコケすら生えている。

現在でも茅葺き屋根あるいはクズ屋根を路上から見ることができるのは町組に一棟、農村部に一棟の計二棟のみで、その他は全てトタンで覆われている。農村部の一棟は、傷《いた》みの激しい北側の屋根面のみトタンで覆われている（写真3-12、3-13）。それに対して地瓦葺きの屋根は、町内の各所に残って景観の構成要素でありつづけている。

その地瓦も一九六〇年代に、セメント瓦に取って代わられる。セメントと細骨材（砂）を型枠に入れ、プレスして成型するセメント瓦が、乾燥が速く機械で大量生産できて安価だったからである。

しかしセメント瓦は、一時期は安さから多くの屋根に使われたが、劣化も速く、風合いにとぼしい。加えて、量産されて安くなり品質も向上した三州瓦が出回ることによって、セメント瓦は、一九七〇年代に入ると次第に姿を消していった。現在、小布施で「屋根を瓦で葺く」といえば三州瓦を指す。

農村景観の変遷を調べて、今更ながら驚くのは高度経済成長の力である。所得がふえ

写真3-12　町中心部に現存する茅葺き町家

写真3-13　北面のみをトタンで覆った茅葺き農家

て新築・改築がさかんになるまでは、まだクズ屋根の民家が多かった。聞き取りによれば、小布施北部の農村集落である押羽地区では、一九五〇年代でも集落内はほとんどクズ屋根であって、六〇年頃からトタンが使われはじめ、やがてセメント瓦への葺き替えが一気に進んだという。

農業そのものが爺ちゃん・婆ちゃん・母ちゃんによる「三ちゃん農業」に変化したように、夫・若者がサラリーマン化することによって、屋根葺きの補修ができなくなった。全体を葺き替えた直後は一〇年から二〇年はもつが、その後は小まめに補修しないと、一気に寿命が短くなる。茅・わら・荒縄などの材料の入手が困難になり、その材料を持ち寄り、労力を提供しあうという共同体内部の互助体制もくずれてゆく。

このような状況に直面して、茅葺き屋根をトタンで覆ったり、あるいはセメント瓦葺きに替えたりする動きが、急速に進んだ。

現存する伝統的な土壁建築二三二五棟の屋根葺き材を調べてみると、茅八五棟、地瓦三三五棟、セメント瓦四七三棟、三州瓦一〇二二棟、トタン三七五棟、その他三五棟となっている。ほとんどがトタンで覆われた茅葺き屋根のほかに、地瓦やセメント瓦で葺かれた屋根もまだ数多く残り、土壁と一体となって伝統的な景観を今日まで伝えている。

10. 子供たちに「町遺産」を伝える

調査研究をつづける一方で、さまざまな機会をとらえては住民と協働する関係を築いてゆきたい。とくに重視したいのは、未来を担う子供たちとの協働であり、「まち」「むら」あるいは「景観」といった環境全体をとらえる彼らの目を育むことだ。

昔から使われてきた建築素材には自然系が多く、単品では工場生産品より強度が劣っても、互いに保護するように組みあわせると、長い場合には数百年も生きつづける。軒で保護された土壁が、そのよい例だろう。

意外と気づかない、昔から存在するサスティナブル（持続可能）な環境の仕組みも、子供たちに伝えたい。そんな思いで、研究所創設以来、毎年、小布施町立栗ガ丘小学校三年生の児童一五〇人ほどを対象に「次世代ワークショップ」をつづけてきた。

二〇〇五年は、世界遺産の考え方にならって小布施町にとって価値ある伝統的な建築・石垣・樹木・水路などを町遺産として探し出す「町遺産発見！まち歩き」を開催。外に出て身近にある町遺産をスケッチし、それを大きな白地図に貼りこんで、五メートル四方の「町遺産マップ」を作成した（写真3-14）。

〇六年は土壁をとり上げて、小舞を編んで土を塗るという本格的な土壁づくりの体験ワークショップだった。まずグループに分かれて、大学生の説明を受けながら町内にある荒壁・砂壁・漆喰壁などの実物を観察して歩いた。

大学生たちは、会場となる小学校体育館に、前もって三〇センチ四方の木枠をつくり間渡し竹を縦横に組みこんだものを、子供たち、担任の先生たち、ボランティア参加の役場職員と一般町民の数だけ用意しておく。その数は一七〇個にもなった。

制作がはじまると、子供たちは間渡し竹に、葦の小舞を細縄で取り付ける。まずは、小舞下地の完成だ。すでに数日前に子供たちが大学生といっしょに土・スサ・水を混ぜて練りこんだ塗り土ができている。次は、その土を小舞下地の上に塗る作業である。

ワークショップでは、粘り気のある土を小布施町内で採取し、塗り土と小舞下地をつくり、土を塗るところまで、町内に住む左官の親方、持田篤雄が弟子といっしょにボランティアで指導してくれた。

写真3-14　「町遺産マップ」完成

竹に葦を細縄で次々に固定してゆく左官職人の手際よさに、「早い！　すごい！」と子供たちは感嘆の声を上げた（写真3－15）。縄は短くなっても、つなぎあわせて使い、最後に残った切《き》れ端《はし》さえ土に混ぜてスサにする。材料を最後の最後まで使い切って「無駄なく、ゴミを出さない」精神をも、職人たちは無言のうちに子供たちに教えてくれた。

私は、土壁が小布施の自然や歴史文化と深く結びついた景観要素であることを、ワークショップの開会挨拶で説明した。閉会挨拶では、土壁がそもそも地球に優しい素材であることを、次のように子供たちに伝えた。

「土壁は土から生まれた自然材料を使い、長い時間をかけて土にもどってゆくものです。その意味で、地球にも人間にもやさしい材料・技術であって、小布施に土壁を使った建物がたくさん残っているのは、素晴らしいことです。今日は体験を通して土壁に親しみ、小布施に現在も生きつづけている土壁の技術と建物について学習してもらいました。こ

写真3－15　左官の親方と弟子による小舞編みの実演

ういう土壁の技術や建物を大切に思う気持ちを、みなさんが持ちつづけてくれると、うれしいなと思いますよ」。

小学校の校長先生は、伝統的な土壁技術を継承する職人もまた、現在では大切にすべき文化遺産だということを伝えようと、

「昨年の町遺産マップづくりでは遺産をたくさん見つけ出しましたね。今回は、土壁もさることながら、職人さんの実演を通して、子供も大人も学ぶことができました。土壁も遺産ですが、それを作り上げる職人さん、職人さんの技術も遺産です。同じように大事にして伝えたいですね」

と子供たちに語りかけた。

印象深かったのは、最後は子供たちのあいだに入りこんで、まさに手取り足取りで教えてくれた持田の挨拶であった。彼によれば、研究所の学生が訪れて、土選びからはじめて最後の壁塗りまで「伝統的な土壁塗りを子供たちに体験させたいので教えてほしい」と申し出たときには、「もう土壁を仕上げるまでに一年も二年もかけられる時代ではない。そういう時代の子供たちに、昔の土壁の方法を教えてどうする？　時代錯誤ではないか」と追い返そうとしたのだそうだ。

結局、学生たちの熱意に押されて、若い弟子たちを引き連れて協力することになったが、「終わった今は、久しぶりに壁を塗った気分。若い連中にも本式の壁塗りを体験させることができた。この体験の機会を活かせてよかった。自分たちの技術を、私にとっては孫のような子供たちに見せることができたことが、うれしく、誇らしい気持ちにもなれた」と結んだのである。

11. 伝統の素材と技術を体験して学ぶ～瓦灯づくり

二〇〇七年の「次世代ワークショップ」に選んだのは、小布施町の景観にとってもう一つの重要な要素となる「地瓦」だった。学生と栗ガ丘小学校の先生たちが相談をして、瓦の製造方法によって、「瓦灯《がとう》」とよばれる、昔は小布施地方でも使われていた灯火具を制作することになった。今回も三年生の児童が対象である。

もう「地瓦」の新たな製造は止まっているが、現在でも小布施をふくむ北信濃地方を歩くと、色むらが大きく、コケが生えている場合もある地瓦葺きの屋根に出あう。

火を燃やすことによって得られる照明（灯火具、火のあかり）は、電気照明があらわれるまで広く利用されたものである。灯火具がとくに発展するのは江戸時代後期。庶民層にも普及して、ただ裸火をともす「あかり」に加え、和紙などで覆うものが出現して、明るさだけでなく形態も使い方も飛躍的にふえた。

小布施町には、世界的に見ても貴重な灯火具の博物館「日本のあかり博物館」があって、膨大なコレクションを観賞できる。なかでも私たちの関心をひいたのが、瓦職人が副業でつくり、和紙の灯火具よりも安価だったといわれる瓦製の灯火具、「瓦灯」だった。この瓦灯を制作してみようということになったのである。

ワークショップ当日、八月二三日はまず町内を歩き、屋根に使われている地瓦を実際に観察して歩いた。地瓦葺きを意識的に残そうと努めている市村次夫は、地瓦の屋根を間近に見ることのできる自宅二階の座敷を、子供たちの見学場所にと開放してくれた。

それから「日本のあかり博物館」に移動して、実際に収蔵品の瓦灯にろうそくをともしての学芸員の説明に、子供たちは聞き入った。

「町歩きをして瓦を見学し、小布施町には、いろいろな瓦があることが分かりました」とか「いろいろな瓦があって驚きました。あかりの博物館にも行けてよかったです。昔の瓦灯も見学して、その瓦に触った感じは固かったです」と、子供たちの反応は予想を超えるものだった。

五人ほどの小グループに大学生がついて、一人ひとりに語りかけるように説明し、実際に地瓦や瓦灯にさわってみる時間をつくったことも、子供たちの理解を助けたようだ。

小学校の体育館にもどって、いよいよ町内の陶芸家の指導を受けながら、児童たちは大学生といっしょに瓦灯の制作に入った。瓦粘土で制作された瓦灯は、二週間ほどかけて乾燥させ、それから窯の中に全作品を並べて、窯焚きする。

窯焚きの当日は、児童や保護者も、薪を運び窯に投げ入れる作業に参加して、自分たちの作品が焼き上がっていく様子を観察した。焼き上がると冷却、そして窯出し。こうした一連の作業をすべて終えて、瓦灯が完成したのは、ちょうど一ヵ月後の九月二三日だった。

一一月一〇日に、町役場に隣接する北斎ホールで、研究所主催の研究報告会とシンポジウムを開催した。その夕方、役場正面の並木道に、完成した約一五〇基の瓦灯を並べて実際にろうそくの火をともし、大勢の児童や保護者が集まって、瓦灯が生み出す幻想的風景を楽しんだ。

伸ばし棒を使って瓦粘土のかたまりを薄い板状にのばそうと、子供たちが全体重をかけても粘性が強くて思うようにゆかない。

「とくに粘土をのばすとき、固くて全然ひらべったくならなかった。そのときに学生のお兄さんが手伝ってくれたのが、うれしかったです」とか「ぼくは、瓦灯づくりは簡単だと思っていました。でも、本番では粘土が固く、のばせなくて、むずかしかったです」と、完成後に子供たちが思い出すのも、この作業工程であった。

粘土を一枚の瓦に成形するにも、いかに力を要するか。その苦労を教えるには、実際に体験させたほうが百万言を費やすよりも効果がある。

窯焚きも、火をつけてから二日間は窯から目を離せず、窯内が一〇〇〇℃以上になるまで、つきっきりで温度管理をする重労働である。高温になった窯は、近づくと顔がひりひりする。大学生にかなり助けられたとはいえ、子供たちは体験を通して、一枚の瓦の製造がどれほど労力と時間を要するものかを理解したに違いない。

そして、夕闇に浮かび上がった幻想的風景とともに、瓦灯とよばれる灯火具がかつて日常生活で使われていたことも、子供たちの記憶に刻み込まれただろう。

ワークショップでの体験を通して子供たちの内部に、多少なりとも自分たちの生活環境に対する意識も芽生えたようで、「ワークショップをやって屋根に興味をもつようになりました」という子供たちの声も多かった。

だが、毎年ワークショップをやり遂げて最も成長しているのは、研究所の大学生たちのように思われる。やり遂げた達成感が、彼らの顔を輝かせる。左官の親方や陶芸家といった、ものづくりのプロたちといっしょに何度か作業すると、材料や道具のあつかい方、最後の片付けの仕方まで自然にマスターするようなのだ。

ワークショップが終わると、彼らは、名残を惜しむかのように指導した子供たちと何枚も記念写真を撮った。その後、子供たちは教室に引き上げ、左官職人あるいは陶芸家、役場職員とボランティアの町民たちも皆、帰っていった。

しかし、学生たちの仕事は終わっていない。まず、子供たちがつくった作品を全部、体育館のステージ上に移動させ、そこに並べて乾燥させる。これからが大仕事。床にシートを敷いておいても、作業が終わってシートをはいでみると、床にはあちこちに泥土がこびりついている。それを全員で、まず大きな雑巾で何度もぬぐって取る。それから横一列に並んで、一斉に雑巾がけをする。小学生時代にもどったかのように男子学生も女子学生もいっしょになって「ヨーイ、ドン」で競争している。何度も、何度も往復して体育館の床を元の状態にもどすのである。

12. 次々に発生する課題を「小布施流」で解いてゆく

ここでは、本書で用いてきた「小布施まちづくり」ではなくて、「小布施流まちづくり」という表現を用いて、修景事業以来、次第に形成された小布施町独自の「住民主体のまちづくり」の手法をさらに推し進める研究所の試みを、一挙に紹介してゆきたい。

小布施町の住民にも行政にも、まちづくりに対する意識に衰えはないように思われる。あまりに真剣に取り組みすぎて、確かに疲れが生じているようにも感じられるが、自分たちが何をすべきかを、少なくともリーダー的立場の住民は常に考えており、たとえば研究所がよびかけた「まちづくり研究会」への参加も積極的だ。ただし研究会にせよ各種の委員会にせよ、一日の仕事が終わる日没後の開催である。

町組に限定しても、解くべき課題が次から次へと発生している。できるだけ住民自らそれを解いてゆくのが、小布施流まちづくりである。研究所が示すのは、そのための叩き台でしかない。

おもしろいのは、どの課題も町内でこれまでにも何度か話題に上りながら途中で止まっているものだということである。研究所でデータを集め、現状を図面や模型で表現して目で見たり手でさわったりしながら考えることによって、住民間の議論が再び展開しはじめている。

研究所主催のまちづくりシンポジウム（二〇〇六年一一月一一日、北斎ホールで開催）に講師として招待した建築家の芦原太郎は、開口一番、「小布施は、まちづくり、景観づくりでは全国でもリーダー的な存在と聞いているが、小布施駅に降りたとき最初に目にする駅前のカラフルな看板建築とあまりに雑然とした家並みは、降りる駅を間違えたのかと思うほどだった」と辛辣《しんらつ》に言い放った。

駅前は町の顔として重要ではないのかと、単体の建築設計だけではなく地域づくり・まちづくりにも取り組んできた彼は、おおぜいの小布施町民が集まる会場に向かって、そう問いかけたのである。

市村良三町長はさっそく彼に専門家・学識者として「まちづくりデザイン委員会」の特別委員に就任することを要請した。これぞと思う人間を逃さないのも、小布施流だ。そのデザイン委員会と連携しながら、研究所では、看板建築の並ぶ駅前の修景を検討している。

花いっぱい運動の成果として、町内の道路沿いに美しい花を咲かせる花壇が整備されているが、小布施町組に関して残念なのは、その上に茂る街路樹が不足していることである。

対策を検討する研究所に対して、市村次夫は昔の小布施町組の写真を示し、「これは今日いうところの街路樹ではなく、沿道の民有地に植えられた樹木が街路に彩りを与えるもので、交通の妨げになる街路樹をふやせないというのであれば、この伝統を復活させればよいのではないか」と、彼らしい大胆なアイデアを披露してくれた。

個人の庭を開放するオープンガーデン運動すらこれほどの広がりを見せているのだから、沿道の住宅や店舗が街路に彩りを与える樹木を敷地内に植える運動も定着するのではないか、という発想である。彼自身、桝一客殿を建てる際に、国道に沿って樹木を植え込んだ（写真3-16）。あわせて、歩道が車道とすっきりと同一面に仕上げられている。緑豊かで歩きやすい歩道空間が広がれば、国道四〇三号線も大きく雰囲気を変えてゆくに違いない。

「森の駐車場」につづいて現在、町長から研究所に基本構想と監修を依頼されているのは、小布施駅前の公衆トイレ

写真3-16　国道の貴重な緑となっている桝一客殿の植え込み（写真右）

の建て替えである。規模は小さくても景観要素として重要な公衆トイレのデザインに対する関心は、全国的な広がりを見せている。

「森の駐車場」で考えたように、明るく清潔で使いやすいトイレとするのが第一である。と同時に、どうすれば「小布施らしく」駅前を修景するための起爆剤にできるか。どうやら町長のねらいは駅前の修景に勢いをつけることにあるようだ。

だとすれば、公衆トイレの単体設計では終わらせず、その趣旨をふまえた構想へと発展させなければならない。どのようなプロジェクトにせよ、単体で終わらせずに一帯の修景に結びつけることは、小布施流とも宮本流ともいえるまちづくり手法であって、それはぜひ踏襲してゆきたい。

国道四〇三号線沿いの商店街の魅力を回復するには、すでに国道のバイパスができているので、ただ通り抜けるだけの通過交通を、思い切ってバイパスに誘導する行政の決断が必要かもしれない。

しばしば土木関係者から出てくる国道拡幅事業案は、絶対に阻止すべきだろう。それを阻止するための対案として「町並み修景事業」が考え出された経緯については、すでに紹介した通りである。

バイパスを使うことで国道を走行する自動車の速度と台数が制御できれば、次は、幅が狭いうえに車道との間に極端な段差があって歩きにくい歩道を、安全でかつ歩きやすいものに変えることだ（写真3-17、3-18）。

この国道をいかに魅力的な道空間に修景するか。研究所では現在、二つの方法を検討しているが、いずれも沿道の民有地と住民生活に直結する提案なので、住民と協働しながら進めないとゴールに到達できない。

一つは、修景事業で小布施堂本店や信金の前で行われたように、店舗前の民有地を歩道と同じ舗装で仕上げることによって小広場を生み出す方法である。

その小広場を数珠つなぎにすることによって、

写真3-17　全く同一面に見える車道と歩道（松本市の例）

写真3-18　同一面だが石とアスファルトなどの舗装材の違いで区別された車道と歩道（小諸市の例）

歩道空間が狭くなったり広くなったりしながら続いてゆく。「あちらは官、こちらは民」と官民境界を際立てない。車道、歩道、そして反対側の民有地を段差のない同一平面に仕上げる（写真3‐19、3‐20）。

そのほかにも、できることは実行したい。たとえば、塀を取る。蓋を取って用水路を復活させ、石橋をかける。新しい小広場に休憩用ベンチを置き、何本か広葉樹を植える。すでに研究所の学生たちが沿道住民の希望を調べ、さまざまな可能性を検討している。

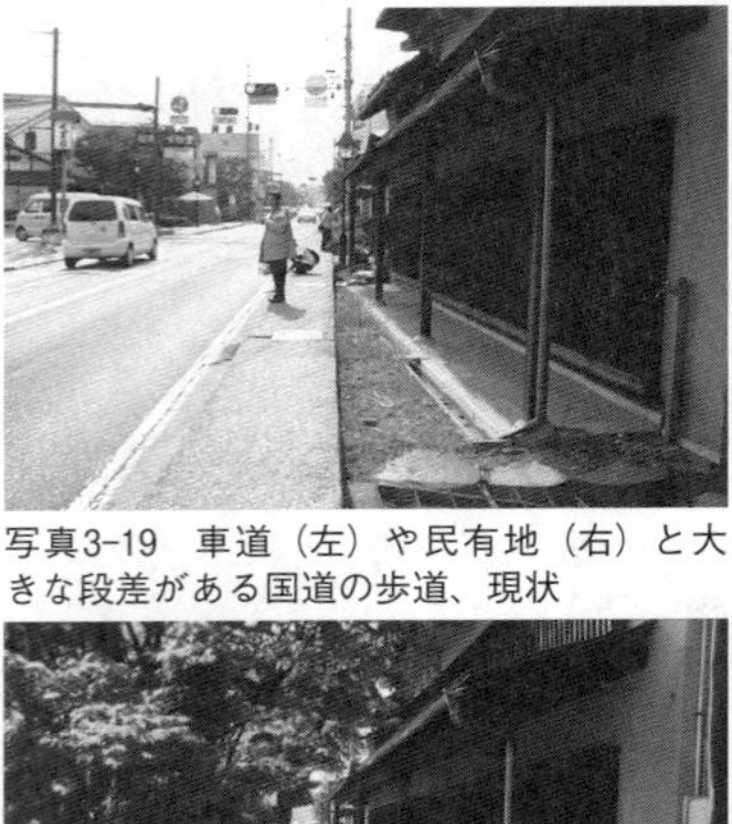

写真3–19　車道（左）や民有地（右）と大きな段差がある国道の歩道、現状

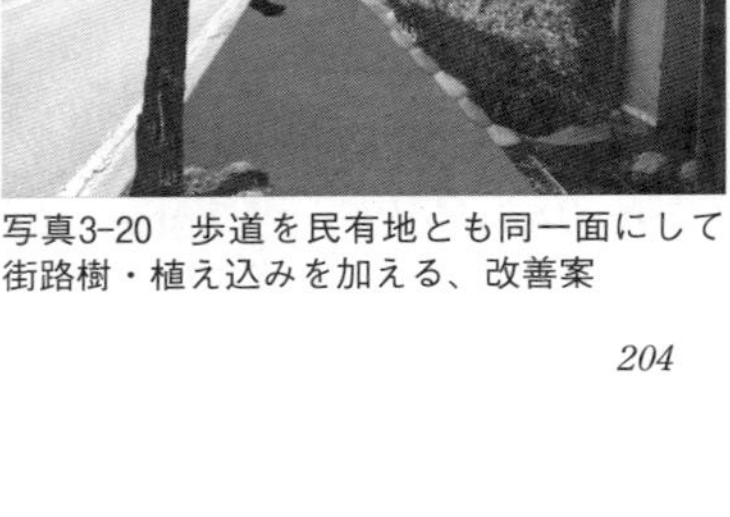

写真3–20　歩道を民有地とも同一面にして街路樹・植え込みを加える、改善案

もう一つは、農村部で進めてきた「里道プロジェクト」を町組の路地を対象に進めることだ。里道プロジェクトに参加する通行可能な道だということを道標で示す路地があって、それがネットワークを形成すれば住民も観光客も利用するだろう。国道の歩道は、

そのネットワークの一部になる。

「栗の小径」も里道《りどう》であり赤線であったことが、調査を通じて明らかになっている。町組のあちこちに第二、第三の「栗の小径」となり得る魅力的な路地が存在する。なかには民有地なのに、通り抜けに便利な路地として地域住民に使われてきた例もある（写真3-21）。

現代のように何処に行くにも自家用車やバイクを使うようになるまでは、人々の移動手段は歩くことだった。その際、表通りだけではなく、人々は路地から路地へと最短距離を歩いた。

ところが昨今は、何をするにも何処へゆくにも車、車だ。その結果、路地や裏通りが使われなくなり、関心の外に置かれるようになった。そこから自然に、表通りの車道・歩道の拡幅とか整備のみが議論されるようにもなったのである。いずれも費用のかかる土木事業だ。

研究所の調査で、町組にも、今は使われず通行可能だということすら分からなくなった里道が何本もあることが確

写真3-21　町組の路地（民有地）

認されている。これを活用すれば地域再生には実に効果的で、しかもその再生にほとんど費用を要しない。オープンガーデンと里道を組みあわせて、住民も観光客も歩きまわれる回遊路を整備したい。

自治会ごとに住民が集まって道路・用水路・花壇などの手入れをする「よろずぶしん」。あのパワーがあれば、地区住民の力で、路地を通行可能な状態に再生できるだろう。「まちづくり研究会」のメンバーからの聞き取りによれば、彼らの小学生時代には通学にも使っていたそうだから、三〇年、四〇年前までは生活道として立派に生きていた道である。

公的資金に頼らなくても、民間のアイデアと力だけで実行できることは少なくない。それを自力で実行に移すのが小布施流まちづくりの伝統であり、絶対的な強みでもある。

13. 「観光地化」と景観は両立できるのか

町組に関して、一つ気になる課題があるとすれば、修景地区周辺の観光地化現象だろう。それが、町民のあいだに修景への反発を生む原因にもなっている。

収蔵と研究拠点として出発した北斎館そのものが、増改築（一九九一）を境に、玄関を入ると展示品の複製品を陳列するミュージアム・ショップが広がる美術館に変わった。そして、内部の変化と呼応するかのように、北斎館の周囲に土産物屋やレストランがふえていった。

とくに土産物屋には特有の雰囲気があって、外を歩く観光客が店内全体を見わたせるようにと、一般的に間口のわりに奥行きが浅い。

さらに、見るだけで品定めができるように、商品棚にも壁面にもずらりと商品が陳列される。壁面は天井まで最大限に使われ、床面にも表の道路にはみ出すほど商品が並べられる。商品のあいだには、品名と価格が書かれた紙がベタベタと貼られ、それでも足りず、宣伝用の置き看板や小旗も使われる。

春の花が咲く頃から秋の紅葉が終わる頃まで週末と連休には、観光バスが北斎館隣の駐車場に入りきれずに国道まで並ぶ（写真3-22）。押し寄せる人波で「栗の小径」を静かに散策するのもむずかしいほどだ。客をよびこむ売り子の声が路上に響いている。

写真3-22　道路上で駐車待ちする観光バス

注意深く観察すれば、変化が起きているのは北斎館の裏と横、つまり大部分が修景地区に隣接する場所であるが、修景地区の内部である「栗の小径」に沿っても景観に微妙な変化があらわれている。

しかし、このような観光地化が北斎館建設や修景事業の目的でなかったことは、すでに述べた通りである。かつては、北斎館を出て「栗の小径」へと歩くと「これはどこかで見た風景だ」と誰もが思った。原風景とでもよぶべきものが広がっていた。とくに修景事業が終わった直後は、観光客が来ることに驚いたというのが正直なところで、観光客目当ての商業活動もなかった。素朴で誰もがほっとできる雰囲気があった。江戸時代、明治時代といった特定の時代の町並みが復原されているのではない。いつ、誰が、何故つくったかという細かな歴史的事実に関する知識欲にこたえるよりも、全体として人々の心をとらえて癒す。無名の建築が静かに寄り集まるエリアであった。

一棟一棟の雰囲気が、何かを誇示することを避けた素朴でおとなしいものだった。店内の全体が表から見えるような土産物屋特有のつくり方とも無縁のものだった。店内と表通りとの関係は分離しているようで接続し、接続しているようで分離している。やさしく、曖昧なものだ。夜も、やわらかな明かりが外にもれて、町並みに温かさを与える。

ところが、修景地区に隣接してふえつつある土産物屋の場合は、内と外を一枚の板戸やシャッターで仕切る。夜はそれで前面を閉じ、昼間は開ける。昼間は表から内部全体が見えて、いかにも土産物屋らしく、そこには商品がびっしりと並んでいる。

逆に夜は、表を完全に閉じてしまうので、土産物屋が並ぶ一画は暗くて寂しい。夜間に外を歩く人への配慮がないのである。

少しずつ景観が変わる。まちが生活の場であって生きていれば、徐々に増改築の手が加えられて、変わるのが当然であろう。問題は土産物屋のような観光客目当ての店がふえているということなのだが、町内でしばしば耳にする「観光客目当て」という批判は、どういう背景から出てくるのか。

小布施で何代も酒屋・味噌屋・栗菓子屋を営んできた前出の「まちづくり研究会」のメンバーに質問してみた。その答えは、次のようなものだった。

「小布施の店はどんなに繁盛して商圏を町外に広げても、常に地元の人々との付き合いを大切にしてきたし、このことは自分たちの世代も受け継いでゆくつもりです。ただ観光客お断り、というのではない。地元であろうが遠方からの客であろうが、われわれが誇りをもってつくったものを大切にして、時間をかけて使い、味わってもらいたい。そういう商売が、われわれの目指すところなのです」。

「客の数や売り上げではなくて、原点にあるのは人と人との付き合いだということを、地元の人々を相手にする商売が最もよく教えてくれます。長い付き合いだから、見かけだけの商品を売るとか、相手を騙すような商売は絶対にできません」。

「あのエリア（の土産物屋）で売られている商品の場合は、売る側にその商品に対する誇りがない。旅の思い出になればいい程度の品ですから、ほとんどが模造品、複製品です。愛着をもって日常生活で使いつづけて価値を知ってもらうことなど、そもそも期待していない。それは単なる土産物にすぎず、ただ旅の思い出を求める観光客相手の商売だからこそ、できることなのです」。

変化を指摘する同様の声が、町内のあちこちで聞こえるようにもなってきた。いま、北斎館周辺の変化に対して警鐘をならしているのは、ほかでもない市村良三町長その人である。

亡き市村郁夫の北斎館にかける思いをじかに聞き、修景事業を市村次夫とともに推し進めた者として、「歴史文化の豊かな生活環境の整備」「精神文化を豊かにするまちづくり」という基本精神から遠ざかる動きに危機感をもち、初心にかえって、まちづくりを推進しようとしている。

このような状況に直面して、研究所は何をすべきか。個別の店について商法の良し悪しを批判しても、いたずらに町民同士、町民と行政の対立を先鋭化させるだけだ。たとえば、批判される店主の反論は、こうである。

「ほかの市町村ならば、置き看板も旗も呼び込みも個人の自由で、当たり前のこととして許されているのに、なぜ小布施では許されないか。これらは観光客のためでもある。観光客は、どんな品物があり、それがいくらするのかを知りたがっており、店の人間に問わなくても見れば分かることを、むしろ喜んでいるのではないか」。

「分かりやすいことが最も大切。品名も価格も紙に書いて貼っておけば、客も安心して買える」。

だが、観光客に対するサービスの一環だとしても、果たして置き看板や旗や呼び込みが観光客のためになっているのだろうか。観光客への配慮を逸脱して、利潤追求のための過剰なアピールになっていないか。

もともと修景事業が、個々の脈絡のない直接的表現が混乱と無性格な景観を生み出している状況に対する抵抗としてはじまった。その抵抗の歩みを、元にもどすわけにはゆかない。修景という町独自の理念と方法によってこの一画が誕生し、協力基準によってそれが徐々に拡大されてきたからこそ、その魅力に惹かれて大勢の人々が訪れるようになっているのである。

到達点から引き返すのではなく前に進むために、研究所がなすべきは、ただ批判することではない。なすべきは、修景地区に隣接しながら修景的手法で建てられているわけではない店舗に対して、改めて修景を提案することであろう。

その具体的方法は幾通りもある。研究所としては、時間をかけて図面や模型でのスタディをかさねたい。取りあえずの方法で取り組むのではなく、修景地区を生んだ理念や考え方が浸透するまで、十分に時間をかけたい。

地区全体でつくり上げようとする景観に馴染まない個の出現は、今後もつづくであろう。人を惹きつける魅力があるから観光客が集まる。観光地化を目指さず日常生活を大切にして生きていても、魅力があれば、おのずと観光客が集まる。

すると、その観光客目当てに商売を考える者が出てくる。町内だけではなく、町外からも商機を求める者が参入してくるであろう。これは現実に小布施で起きている問題だが、長年まちづくりに努めてきた地方自治体が同様に直面するアポリアだともいえる。

大勢の観光客が押し寄せるようになった重伝建地区、たとえば妻籠や角館も、同じアポリアに直面している。

町長も指摘するような「歴史文化の豊かな生活環境の整備」とか「精神文化を豊かにするまちづくり」といった、修景事業以来の小布施流まちづくりの基本精神を、内外に向けて訴えつづけなければならない。

町外から入ってくる自営業者にも、この基本精神を理解してもらう必要がある。だが町の担当者ですら、肝心のところを先輩から伝え聞いただけの若い世代がふえている時代なのだ。

二〇〇八年五月から役場内部のホールで「小布施まちづくり大学」を開校する予算を、町が工面してくれた。「学長」は私で、町長も出席する。小布施流まちづくりの特質と基本精神を内外に向かって説き、訴える、年六回の連続講義である。毎回の聴講生は八〇～一〇〇人ほどで、市村次夫や宮本忠長などの小布施流まちづくりの実践者をゲストに迎えて、講義は進んだ。気づきを生むきっかけにしたい。強制ではなく気づきによって住民も行政もみずから軌道修正しながら進むのが小布施流である。

国でも小さなまちでも、一極に集中すると環境が悪化する。

むろん、メガロポリスのミニ版のように、まちでもむらでもない密度のうすい家並みが、だらだらと広がる状態も好ましくない。まちはまちとしてコンパクトに成立し、そのあいだに田園や自然が美しく広がる状態が望ましい。

小布施町の現状は理想そのものではないにしても、町組を含む一六の集落がそれぞれに今日もなおコンパクトにまとまり、相互に連携してコンステレーション（星座）を形づくっている。

長年の修景の成果として、集落と集落のあいだに美しい果樹園や水田が広がる。広告規制も、美しい田園風景の保護に有効に働いている。まちづくりを推し進めるのであれば、ここでは当然「まちも、むらも」であるべきだろう。

修景地区に観光客が集中しても、そこから少し離れれば、静かな家並みや田園が広がる。修景地区の雑踏を避けるかのように、静かなおぶせミュージアム・中島千波《ちなみ》館あるいは北斎の大天井画で知られる岩松院などにむかって歩く人の流れも生まれている。オープンガーデンをめぐりながら修景地区から隣接地区へとオーバーフローする観光客の流れもある。

東の「せせらぎ緑道」沿いにある岩松院や浄光寺薬師堂にむかって歩く人々のために、中継点としての「森の駐車場」、車道を離れて果樹園をくぐり抜け草を踏みしめながら歩く雁田地区の「里道」などがオープンしている。

町組と東部の農村集落だけではなく、西部から北部にかけての農村集落でも、住民と町行政と研究所の協働による三つのプロジェクトが進行中である。小布施には、地域ごとに異なる田園の景観がある。

北部は稲田、東部はりんご・ぶどう・もも、そして西部から北部にかけてはりんごやぶどうもあるが、挙げるべきは、なんといっても

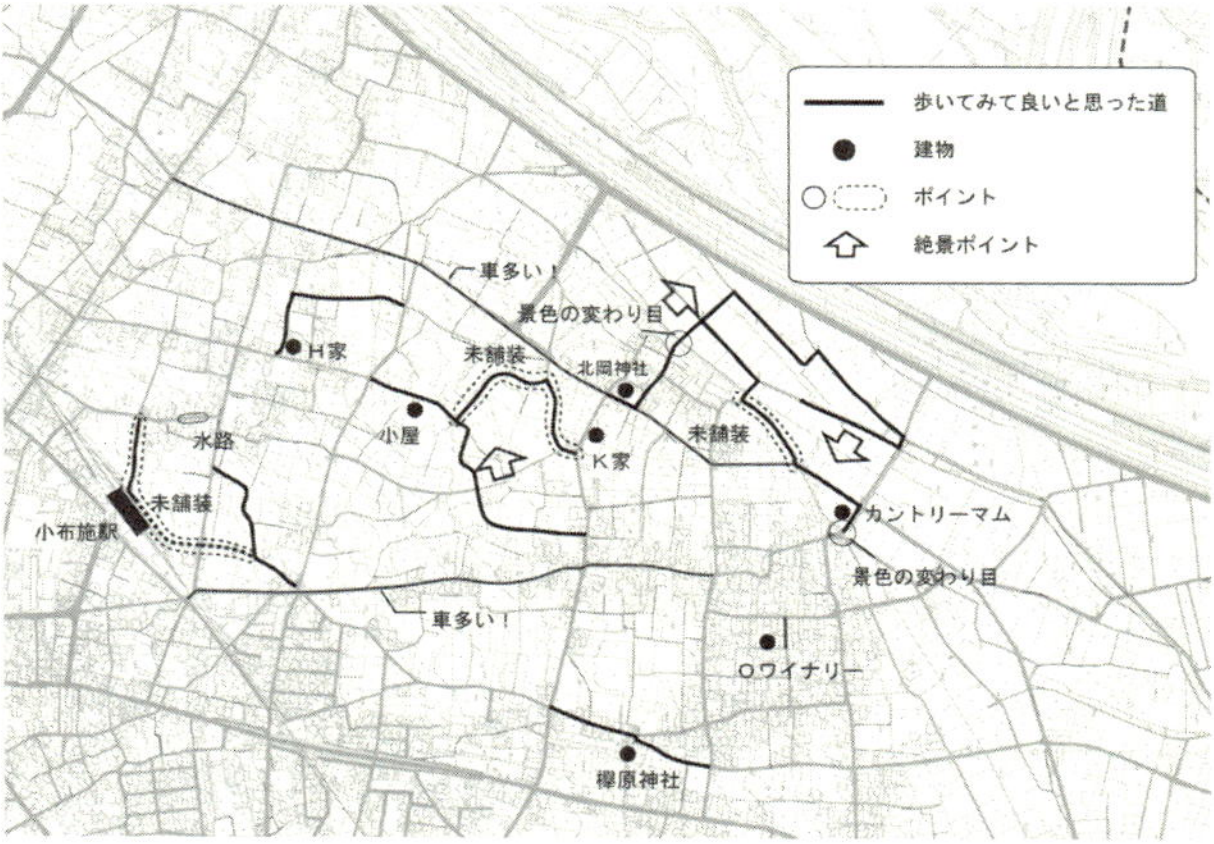

図3-3　里道プロジェクト調査票（小布施町北西部）

栗林だろう。

第一は、東部での「里道プロジェクト」を継続するもので、美しい栗林を歩く里道の選定である。年輪をかさねた栗の木が並ぶ景観には枯淡の趣すらあって、栗林内の風の音だけが聞こえるような静けさを好む者は少なくない。

栗林にこそ小布施の原風景がある、という町民も多い。その栗林内を通り抜ける小道を調べて、観光客も自由に歩ける里道の選定を目指している（図3-3）。

第二は、栗農家に残る二階建てのりっぱな蚕室の活用。江戸時代からつづく栗農家のあいだでも、明治時代には養蚕に取り組む動きが広がり、屋敷内に専用の蚕室が建てられた。

蚕は温度・湿度・日照などの変化に敏感な生き物である。その調整のために蚕室の各部屋の天井・床には空気穴、屋根には気抜き、そして外壁には大きな窓がいくつも設けられている。蚕室は、工場のような合理的美を感じさせる建築だ（写真3-23）。

写真の蚕室の所有者である栗農家の若主人は、「まちづくり研究会」のメンバーでも

写真3-23　再生計画が進む蚕室

ある。現在、栗産業・栗文化を振興する活動の拠点とするために、蚕室の再生を考えている。何代にもわたって彼の家が守ってきた栗は味も形も一級品との評判が高く、皮をむいて簡単に蒸したり焼いたりするだけで実にうまい。しかし、この栗を使って新たに栗菓子商品を開発しようと試みても、全国的なブランドとなった町組の栗菓子には到底およばない。

そこで、たとえば栗林で栗拾いを楽しみ、改装された蚕室で、もちかえった栗を簡単に調理し、二階から美しい栗林を眺めながら、それを味わうのはどうか。調理方法については、食の専門家にも相談したい。食の専門家もメンバーにいる「まちづくり研究会」でアイデアを議論するにしても、栗の調理から客へのサービスまで、どんな人の動きも蚕室建築の今後の使い方と深く結びついている。模型やコンピューター・グラフィックスなどを駆使して、さまざまな可能性を探っているところだ（写真３-24）。

第三は、「はよんば」とよばれる小広場の整備計画。こ

写真3-24　蚕室再生案

の小広場は、町北部の押羽集落のほぼ中心に位置している。「はよんば」は語源がおそらく「藩用場」であって、江戸時代に藩の用向きに使われた場所であろう。

現状は、中央を通る道路によって二分され、しかもポンプ車も入る地区消防団詰所、火の見やぐら、祭り用具の収蔵庫などが小さな広場をぐるりと囲んでいる。

構成要素が多すぎて、まとまりを欠いた広場という印象がぬぐえない。だが年中、集落の何かの行事に使われる大切な場所である。祭りや盆踊り、町民運動会や消防の練習、ラジオ体操の会場のほかに、春から秋にかけて週末には野菜・果実などの市が立つ。

無性格なスペースが広がるだけに見えるが、使用目的に応じて道具立てされ、秩序づけられた場に変貌する。したがって、ヨーロッパの小さなまちやむらで見かけるような、普段から生き生きとした賑わいのある広場を目指すにしても、使用目的に応じてあらわれる「隠れた秩序」を組みこんだ空間デザインが求められる。あの「幟の広場」と比較しても、美しさでは劣るものの歴史は古く、はるかに多様な使い方をされている（写真3-25、図3-4）。

旧来の近代化・都市化のための広場整備であれば、「隠れた秩序」に配慮せず、過去の痕跡をすべて塗りつぶすかのように黒アスファルトで全面舗装し、新しい施設を建てて事業完了となる。そうではなく、まず「隠れた秩序」を継承する。そのうえで、訪れる人々と地域住民とが日常的に生き生きと交流する広場を目指そうとしている。
研究所の提案では、第二、第三のプロジェクトにも第一の「里道」がからむのが大きな特徴であろう。単体の計画に終わらせずに、それらを拠点として相互につなぐ里道のネットワークを構築しようという発想である。最終的には、「まちも、むらも」里道がつなぐ。

近代の都市づくりで、「モビリティ」を高めるといえば、車による移動を考えるのが一般的であった。それが地域内での真の出あいやふれあいを極端に減少させ、地域の力を減衰させた。

血液の循環では太い動脈・静脈だけではなく毛細血管も

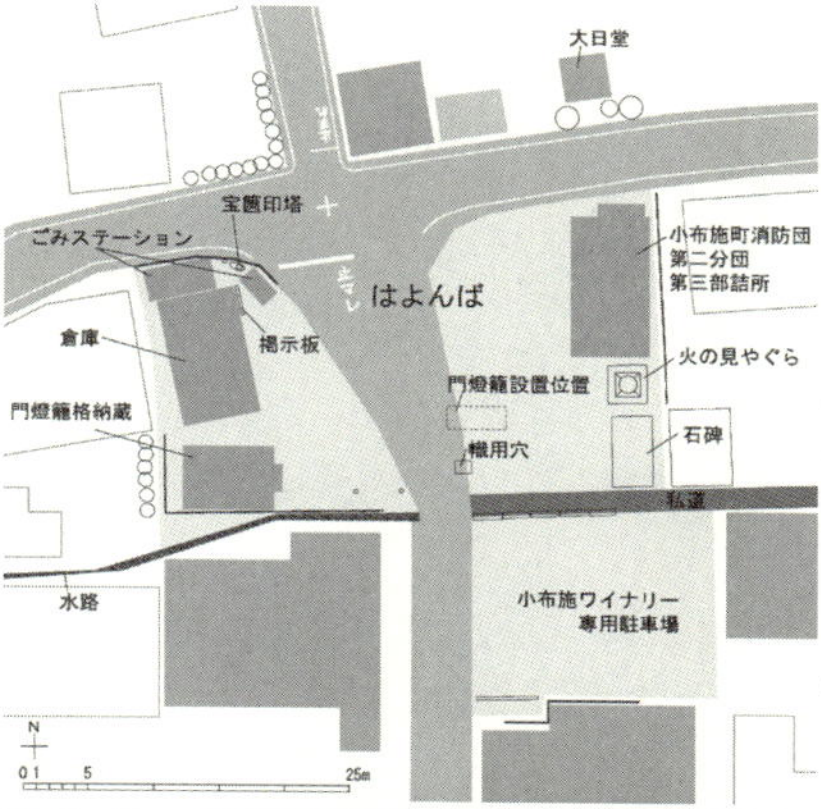

↑図3-4　押羽はよんば、現状配置図

→写真3-25　押羽はよんば、現状模型

重要であって、毛細血管での血液循環が悪くなれば生命組織全体の活力が落ち、やがて崩壊する。それと同様に、表通りだけではなく内部に張りめぐらされた細い路地を人や物が流れなくなれば、地域力が低下する。

相互に関連のない公共施設や店舗を建てるだけでは、地域を活性化させたことにはならない。「モビリティ」を高める、つまり、人や物の動きを良くして出あいの機会をふやさねばならない。出あいの数とともに、互いに学び、働き、売買する行為がふえれば、地域力は確実に向上するだろう。

この意味で、近代の都市づくりが指針の一つに「モビリティの向上」を掲げたのは正しかった。だが、幹線道路を使っての車による大量輸送だけではなく、毛細血管のように張りめぐらされた里道を歩行者がさかんに行き来するような都市づくりを目指すべきだったのである。

私たちを驚かせ喜ばせもするのは、小布施では、周辺部にも素晴らしい農村景観が見られることだ。ゆっくり歩いて自然との触れあいを楽しむ里道もある。「小布施町の奥深い魅力は周辺の農村部に残っている」という人が多い。

ここでも近年、母屋については新築や改築の動きがつづいているが、母屋以外の付属屋、たとえば蚕室・納屋・クラ・物置などは、昔の古い姿をそのまま留めている。

小布施のまちづくりは「まちも、むらも」でありたいと思う。「まち」の原風景と同様に、「むら」の原風景も大切にしたい

『秋風《しゅうふう》日記』（新潮社、一九七八）に収録された随筆「小布施の秋」の筆者、福永武彦は、雁田集落を歩いて雁田山麓の岩松院まで散歩したときの印象を、次のように書いている。

「日ましに元気になるにつれて、私は更に足を伸し、雁田山の麓の道を通つて岩松院の方まで歩いたが、お寺の中に入つたことはない。しかしこの行程の途中で見られる風物は、私の中に眠つてゐた郷愁のやうなものをしきりに促した。かういふところでのんびり暮したらどんなにかいいだらうと、埒もないことを考へてゐた」（同書一九〇頁）。

これは四〇年近くも前のことだが、現在、福永が歩いたはずの道を、調査のために何度も行き来しながら私は、彼がいう「眠っていた郷愁のようなもの」が内から湧き上がってくるのを感じるのである。

あとがき

私はこれまで、輪郭は摑みにくいが、その内部に入れば感じられる、ある種の小宇宙のようなものに惹かれてきた。その内に身を置けば、心身が開放されるし、癒されるし、一過的ではない本当の元気も湧いてくる。理想の家、地域、まちといった言葉で私たちが思い描くのも、実はこのような意味での小宇宙ではないだろうか。誰もが知りたいと願うのは、それをどう実現させるかということだろう。

世界を見渡せばその例は実在しており、人は工夫によって、それをつくり出すことができる。拙著『風土・地域・身体と建築思考』『二〇世紀モダニズム批判』などでも私は、そのための理念や方法を考えてきたように思う。多くの建築家たちと語りあい、建築の名作、まちやむらの現場に足を運んだ。

簡単にいえば、それを小布施で見つけたのである。そして、本質を捉えなおし、住民主体のまちづくり・景観づくりへと発展させる挑戦が始まった。活動拠点は、まちづくり研究所。研究所創設も一つのチャレンジであって、役場内につくられ学生が常駐するという全国初の試みである。

研究所の創設から五年がすぎ、今春には、契約がさらに五年間延長される。いわば第1ステージから第2ステージへという節目に本書が刊行される。むろん第2ステージでも小布施の挑戦はつづいてゆく。

本書の完成までに、市村良三町長、市村次夫小布施堂社長をはじめとして、多くの小布施町民の方々に助けていただいた。役場職員・まちづくり研究会のみなさんには特に御礼を申し上げたい。宮本忠長、市川健夫の両先生から受けた教えは数知れない。建築史関係の山口廣、西和夫などの諸先生から受けた励ましにも感謝したい。

最後に、刊行まで忍耐強く導いてくださった新潮社新書編集部の内田浩平氏、研究所を支え挿図作成などの作業も引き受けてくれた助教の山中章江、大学院生（博士課程）の勝亦達夫の両氏、そして研究所常駐の学生たちに、深く謝意を表したい。

二〇一〇年一月

川向　正人

川向正人　1950（昭和25）年香川県生まれ。東京理科大学理工学部建築学科教授。東京理科大学・小布施町まちづくり研究所所長。74年東京大学建築学科卒業、81年同大学院博士課程修了。

Ⓢ新潮新書

354

小布施《おぶせ》 まちづくりの奇跡《きせき》

著者　川向正人《かわむかいまさと》

2010年3月20日　発行

発行者　佐藤隆信

発行所　株式会社新潮社

〒162-8711　東京都新宿区矢来町71番地
編集部（03）3266-5430　読者係（03）3266-5111
http://www.shinchosha.co.jp

印刷所　錦明印刷株式会社

製本所　錦明印刷株式会社

ISBN978-4-10-610354-4　C0225

価格はカバーに表示してあります。